全国高职高专艺术设计应用与创新规划教材编委会

主　　任： 尹定邦　　中国工业设计协会副理事长
　　　　　　　　　　　广州美术学院教授、博士生导师
　　　　　　林家阳　　教育部高等学校艺术类专业教学指导委员会成员
　　　　　　　　　　　同济大学教授、设计艺术研究中心主任

执行主任： 李中扬　　首都师范大学美术学院教授、设计学科带头人

副 主 任： 刘瑞武　　张小纲　　刘境奇　　陈　希　　杜湖湘　　汪尚麟　　戴　红

成　　员：（按姓氏笔画排列）

王　欣	王　鑫	邓玉璋	刘显波	刘　涛	刘晓英
刘新祥	江寿国	李　松	汤晓颖	李建文	张　昕
张朝晖	张　勇	张鸿博	吴　巍	陈　纲	杨雪松
周承君	周　峰	罗瑞兰	夏　兵	夏　晋	黄劲松
章　翔	彭　立	谢明洋	谭　昕		

全国高职高专艺术设计应用与创新规划教材

总主编　李中扬　杜湖湘

环境艺术设计基础

张朝晖　著

武汉大学出版社

图书在版编目(CIP)数据

环境艺术设计基础/张朝晖编著.—武汉:武汉大学出版社,2008.12
(2016.3 重印)
全国高职高专艺术设计应用与创新规划教材/李中扬　杜湖湘总主编
ISBN 978-7-307-06216-0

Ⅰ.环…　Ⅱ.张…　Ⅲ.环境设计—高等学校:技术学校—教材
Ⅳ.TU-856

中国版本图书馆 CIP 数据核字(2008)第 060955 号

责任编辑:易　瑛

出版发行:**武汉大学出版社**　(430072　武昌　珞珈山)
（电子邮件:cbs22@whu.edu.cn　网址:www.wdp.com.cn）
印刷:湖北恒泰印务有限公司
开本:787×1092　1/16　印张:11　字数:324 千字
版次:2008 年 12 月第 1 版　2016 年 3 月第 2 次印刷
ISBN 978-7-307-06216-0/TU·70　定价:39.00 元

版权所有,不得翻印;凡购买我社的图书,如有缺页、倒页、脱页等质量问题,请与当地图书销售部门联系调换。

总　序

尹定邦签名

尹定邦 中国现代设计教育的奠基人之一，在数十年的设计教学和设计实践中，开辟和引领了中国现代设计的新思维。现任中国工业设计协会副理事长，广州美术学院教授、博士生导师；曾任广州美术学院设计分院院长、广州美术学院副院长等职。

我国经济建设的持续高速发展和国家自主创新战略的实施，迫切需要数以万计的经过教育培养的高级技能型人才。主要承担此项重任的高等职业技术教育经过扩张性和跨越式发展，在我国高等教育中已占据"半壁江山"，高等职业技术教育院校和在校生人数均占高等教育的　半左右。我国高等职业技术教育院校的发展模式较为复杂，其发展基础既有办学多年的专科学校调整，也有近年来中等职业技术教育学校的升格，还有从独立设置的成人院校（包括管理学院、干部学院等）转型，办学条件也千差万别。在高等职业技术教育发展的同时，高等职业技术院校艺术设计专业也得到跨越式发展，成为各学院争相开办的专业，但办学理念的模糊、教学资源的不足、教学方法的差异导致教学质量良莠不齐。整合优势资源、建设优质教材、优化教学环境、提高教学质量、保障教学目标实现，是摆在高等职业技术教育艺术设计专业工作者面前的紧迫任务。教材是教学内容和教学方法的载体，是开展教学活动的主要依据，也是保障和提高教学质量的基础。建设高质量的高等职业技术教育教材，为高等职业技术教育提供人性化、立体化和全方位的教材服务，是应对高等职业技术教育对象迅猛发展，经济社会人才需要多元化的重要手段。在新的形势下，高等职业技术教育艺术设计专业的教材建设需要扭转传统高等教育重理论轻实践、重知识轻能力、重课堂轻社会实践需求的现象，把培养高等技能型人才作为主要任务，实现从以知识为导向向以知识和技能相结合为导向的转变，培养学生的动手能力、创新能力、协调能力和创业能力，把"我知道什么"、"我会做什么"、"我该怎么做"作为价值取向，充分考虑使用对象的实际需求和现实状况，开发与教材适应配套的辅助教材、纸质教材与音像制品、电子网络出版物等多媒体相结合，营造师生自助互动、愉悦的教学环境。

当前，我国高等职业教育已经进入到一个新的发展阶段，艺术设计教育工作者为适应经济社会发展，探索新形势下人才培养模式和教学模式进行了很多有益的探索，取得了一批突出的成果。由武汉大学出版社组织策划的全国高职高专艺术设计应用与创新规划教材，是在国内现有教材的基础上，吸收教学与实践的优秀成果，从设计基础入手进行的新探索。这套教材在以下几个方面值得称道：

其一，本套教材的编写是由众多普通高等院校、高等职业技术院校的学者、专家和教学第一线的骨干青年教师共同完成的。在教材编撰中，既有设计界诸多严谨的学者对学科体系结构进行了整体把握和构建，也有骨干教师、业内设计师以其丰富的教学和实践经验为教材的内容创新提供了保障与支持。在广泛分析目前国内艺术设计专业优秀教材的基础上，大家有一个共同的目标：使本套教材深入浅出，更具有针对性。

其二，本套教材突出学生学习的主体性地位。围绕学生的学习现状、心理特点和专业需求，教材突出了设计基础的共性，增加了实验教学、案例教学的比例，强调学生的动手能力和师生的教学互动，特别是将设计应用程序和方法融入教材编写中，以个性化方式引导教学，培养学生对所学专业的感性认识和学习兴趣，有利于提高学生的专业应用技能和职业适应能力，使学生看得懂、学得会、用得上。

其三，总主编邀请国内同行专家，特别是全国高职高专艺术设计教学指导委员会的专家组织审稿并提出修改意见，进一步完善了教材体系结构，确保了本套教材的高质量、高水平。

因此，本套教材更有利于院系领导和主讲教师们创造性地组织和管理教学。让创造性的教学带动创造性的学习，培养创造型人才。为持续高速的经济社会发展和国家自主创新战略的实施作出贡献。

2008年1月18日

前言

从太古洪荒的掘山为穴、构木为舍、垒石为屋到当代的摩天楼、跨海桥，人类世代不息的环境创造，构成了一部灿烂的文明史诗。人类最初的建筑文明主要由神庙、寺院、教堂、宫殿所构成，体现的是宗教的社会认同、统治者至高无上的权威和审美观念。从埃及金字塔到中国万里长城；从巴黎圣母院到北京故宫，这些不朽的建筑杰作闪耀着人类的睿智和创造天才，使今天的人们仍感震撼并能产生情感的共鸣。伴随着工业革命的社会变革和科技的飞速发展，文明的历史掀开了新的一页。人类对环境的改造、利用的深度、广度发生了根本的变化；同时艺术参与环境改造的地位也日趋突出，以往经典美学中难以找到的"环境艺术"应运而生，进而发展成一门相对独立而又融多学科知识于一体的艺术设计门类。它使人们开始从文化艺术的高度探索环境与人类的协调关系，从而赋予人类的环境建筑活动更持续、更美好的生命力。21世纪的人类社会与环境的互动关系越来越密切，人们保护环境的意识日益加强，标志着人类环境艺术运动的一个新起点。创造功能更加复杂、种类更加多样、形式更加丰富，"天人合一"的环境系统，将迎来一个生态文明的新时代。

"环境艺术设计基础"是环境艺术设计专业入门的基础课。本教材主要依据环境艺术设计初步学习所必须掌握的基础知识，结合高职高专学生的特点有针对性地编写。

教材内容立足知识更新，有一定的广度与深度，反映和汲取

了当代环境艺术设计的新观念和新信息,图文并茂地介绍了许多优秀的实例,以拓宽读者的视野。教材的体例能满足教与学的需求,注重对学生设计思维和动手、表达能力的培养。在章节编排上考虑到教学的逻辑顺序:第一章讲述环境艺术设计概论,使学生对该课程有整体的了解、认知,产生学习的兴趣;第二章、第三章由基本原理到表现基础,使学生初步掌握环境艺术设计所必须的基本素养和技能;最后通过第四章设计方法的学习逐渐深入到创造学的寻绎。

人的创造性是最难解之谜,如何使人理解和领悟创造的奥秘是设计教育探索的制高点。希望本书的出版能抛砖引玉,使我国高职高专环境艺术设计教育走上有特色的深入发展之路。对系统学习环境艺术设计学科的院校学生、专业人员和广大读者的自学也有所裨益。

本书在编写过程中,得到了首都师范大学美术学院李中扬教授、湖北工业大学艺术与设计学院杜湖湘教授的大力支持;上海理工大学王越、吴宏明等同学协助绘制了本书的插图。在此一并表示衷心的感谢。

此外,本书因介绍知识的需要,从相关图书画册及网站等选用了部分作者的作品,因地址不详,无法事先取得联系,请各位作者见书后,及时与我们联系,我们将按规定付给稿酬。

目 录

ART DESIGN

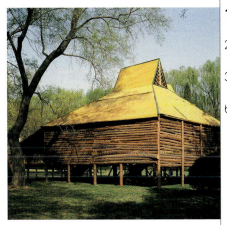

1/环境艺术设计概论

2/第一节　环境艺术的基本内涵

3/第二节　环境艺术设计的构成要素与基本原则

6/第三节　环境艺术设计的风格与流派

27/环境艺术设计的基本原理

28/第一节　环境与空间

36/第二节　环境与形式美的规律

50/第三节　环境符号、语言

59/第四节　环境与完形心理学

64/第五节　环境与感觉机制

73/环境艺术设计表现基础

74/第一节 环境艺术设计工程制图

96/第二节 环境艺术设计手绘表现图技法

137/第三节 环境艺术设计模型制作技巧

143/环境艺术设计方法入门

145/第一节 环境艺术设计程序

147/第二节 发现和确定设计问题的方法

153/第三节 创造性解决问题的策略

157/第四节 创造学寻绎——家具设计方法探求

164/网站链接

165/图片来源

166/参考文献

第 1 章 环境艺术设计概论

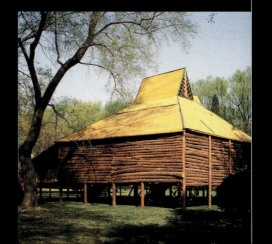

第1章 环境艺术设计概论

◎ **课时**

4课时（教师主导课时：2课时，学生自控课时：2课时）

◎ **课前准备的要求**

前修课程《艺术概论》、《设计概论》

◎ **教学目标**

通过本章学习，使学生对该课程有整体的认知、了解，产生学习的兴趣。

第一节 环境艺术的基本内涵

◎ 一、环境的基本概念

"环境"是指人类聚集、栖居的空间场所构成的综合体。它包括自然环境、人工环境和社会环境在内的全部环境概念。按其性质、功能、规模，又可进一步分为城市环境和村落环境。

◎ 二、环境艺术的特征

德国"包豪斯"的艺术家、建筑师们率先提出了环境与艺术的融合问题，随后人们从不同角度运用系统的观点探索环境与人的关系，赋予人类的环境创造活动以完整的艺术地位，进而发展出一门独立的艺术门类——环境艺术。综合来讲，环境艺术拥有如下特征：

1．环境艺术是多层面有机统一的实用艺术

环境艺术并不能简单地理解为环境加艺术或环境加装饰，它强调最大限度地满足使用者多层次的需求。环境艺术不但要满足人的休憩、工作、交通、聚散等功能需求，还要满足人们交往、参与、安全、隐私等社会行为的心理需求及审美需求。

2．环境艺术是多学科融合的系统艺术

环境艺术是一门新兴的学科，它是建立在现代环境科学研究的基础上，集规划学、建筑学、景园学、室内设计学、工程结构学、人体工程学、美学、行为心理学、人文地理学、生态学、符号学、社会学、建筑装饰材料学等多门学科知识构成的多元综合性边缘学科。

3．环境艺术是和谐的艺术

环境艺术把环境构成的诸多要素——建筑、山水、树木、道路、广场、公共设施小品等和谐地建构在一起。它解决环境问题的着眼点始终是兼顾环境的不同特点，既展望未来，又尊重历史、民族、宗教等文化特性；既巧妙利用环境，又善于保护环境系统，使人与环境建立在协调、可持续发展的基础上。

4．环境艺术是四维的时空艺术

任何环境场所的主角都离不开三维空间，同时，由于人在其中的活动是随时间的推移而不断转换、延续和发展变化的，因此，环境艺术又是动态极强的时间艺术。现代环境艺术的时空艺术是三维空间艺术与"四维"时间艺术的融合与追求。

5．环境艺术是多感觉机制的体验艺术

环境艺术是综合运用各种艺术和科技手段，通过多感觉机制（视觉、听觉、嗅觉、味觉、触觉等）传递环境信息，形成"感官冲击波"，综合利用环境要素的形、声、色构成人深刻的体验、审美感受。

第二节　环境艺术设计的构成要素与基本原则

◎ 一、环境艺术设计的构成要素

从广义上讲，环境艺术设计是时间与空间艺术的综合，它如同一把大伞，涵盖了当代几乎所有的艺术与设计门类；从狭义上说，环境艺术设计以建筑的内、外空间环境来细分专业。建筑的内空间环境设计以室内设计冠名；建筑的外空间环境设计冠以景观设计，它们构成了当代环境艺术设计发展的两翼（图1-1）。

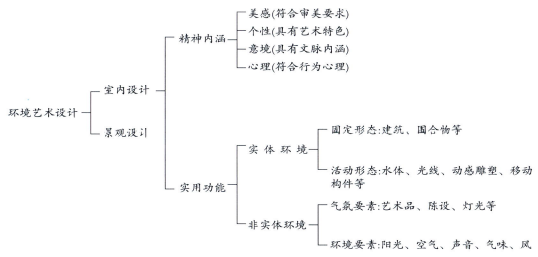

图1-1

1. **景观环境设计的构成要素**

   (1) 实体环境要素。

   可分为自然要素（绿地、树木、山川、河流等）和人工要素（建筑和城市设施、节点空间、通道空间、建筑小品、地标等）。

   (2) 非实体环境要素。

   可分为气氛要素（灯光、气味、声音、质感、色彩等）和影响要素（季节、气候、时间、日照、地理、水文、社会、文脉、经济等）。

2. **室内环境设计的构成要素**

   (1) 实体环境要素。

   空间限定形态（构筑物造型、室内各界面装饰性设施、家具陈设等）；活动形态（灯光照明、动感雕塑、室内绿化等移动构件）。

   (2) 非实体环境要素。

   美感（符合审美要求）；个性（具有艺术特色）；意境（具有文脉内涵）；心理（符合人们行为的心理需求）。

◎ 二、环境艺术设计遵循的基本原则

1. **功能**

   不言而喻，任何环境都具有一定的实用功能。往往设计的好与坏在很大程度上取决于对功能因素的考量。任何环境艺术设计都要针对使用者的特点，满足他们在人体生理活动机能、心理及行为方式等方面对环境提出的要求。

2. **空间**

   环境建筑场所与其他艺术门类区别开来的特征，就在于它如同一座巨大的空心雕塑，人可以徜徉其中并感受它的魅力，这种魅力正是空间艺术所形成的。就环境艺术而言，对空间的审美有时要比围合它的物体本身还重要。

3. **形式**

   环境的形式是指构成环境外形的物质材料的自然属性（形、色、声等）和它们的组合关系（比例、对称、均衡、节奏等）所呈现出来的审美特性。形式设计可以概括为两种方法：一种是根据已有的形式，在传统基础上加以重构；另一种是打破常规的独创。

4．技术

技术是建构环境空间的保障系统。现代环境设计必须解决建筑场所的结构类型、细部节点的构造方式、给水、排水、供暖、空调、电气照明、煤气、消防等诸多工程技术问题，做好与其他工种的协调工作。

5．相互的辩证关系

环境艺术设计中，环境语言的形成是由深层结构向表层结构的转化过程，在这里，环境语言的深层结构就是环境的功能要求，而环境语言的表层结构则是环境的造型形式。环境造型因素成为传达信息的载体，它向人们传达出环境所具有的各种意义，由此也使人获得了它所激发的审美感受。

功能、空间、形式、技术四方面的关系是辩证地统一在环境艺术设计原则之中的（图1-2）。具体地说，功能是实际的应用系统；空间是环境艺术独特的语汇系统；形式是合乎人心理的审美系统；技术是合理的构造系统，其中功能为主导，形式反映内涵，空间为主角，技术是保证。四方面的内容、目的和作用虽各不相同，但互为依存，相辅相成。

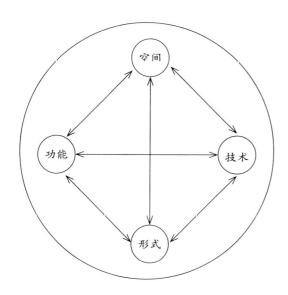

图1-2 环境艺术设计因素的制约关系

第三节 环境艺术设计的风格与流派

风格即艺术作品的艺术特色和个性；流派指学术方面的派别。环境艺术设计的风格与流派，是不同时代的思潮和地域环境特质，通过艺术创造与表现，而逐渐发展成为的具有代表性的环境设计形式。因此，每一种典型风格和流派的形成，莫不与当时、当地的自然环境和人文条件息息相关，其中尤以民族性、文化潮流、风俗、宗教和气候物产等因素密切相联，同时也受到材料、工程技术、经济条件的影响和制约。

在设计中把握环境艺术作品的特色和个性，使科学与艺术有机结合，时代感和历史文脉并重，这是我们多元时代应有的格局。

◎ 一、风格与流派形成与演变的条件

1．地理环境

不同的地理条件、气候环境造就了各式各样的建筑类型。如中国各民族和各地域不同环境的民居形式，构成了多样的建筑风格（图1-3～图1-12）；世界各地不同气候环境造就了各式各样的建筑类型（图1-13～图1-22）。

图1-3 新疆维吾尔族民居

图1-4 西藏碉房民居

图1-5 陕北窑洞

图1-6 重庆的吊脚楼

图1-7 北京四合院

图1-8 吉林朝鲜族民居

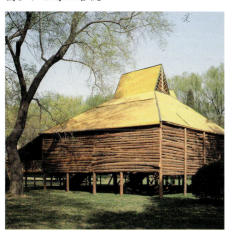
图1-9 云南竹楼

图1-10 安徽民居

图1-11 福建土楼

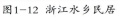
图1-12 浙江水乡民居

图1-13 马来西亚民居

图1-14 蒙古包

图1-15 斐济民居

图1-16 希腊民居

图1-17 埃及土屋

图1-18 瑞士民居

图1-19 阿拉伯帐篷

图1-20 北极民居——因纽特人建造的冰屋

图1-21 德国民居

图1-22 芬兰民居

2. 人类文化传承

历史的发展、宗教信仰、文化传统造就了东西方不同的环境艺术特色。

(1)东方传统木构造体系。

中国独特的木构造建筑体系，代表了东方典型的传统样式（图1-23～图1-29）。

图1-23 城市

图1-24 宫殿

图1-25 坛庙

图1-26 佛寺　图1-27 园林

图1-28 塔刹　图1-29 彩画

(2)西方传统石构造体系。

源于古希腊、古罗马的石构造建筑体系,代表了西方典型的传统样式(图1-30~图1-36)。

图1-30 古希腊帕提侬神庙

图1-31 古希腊埃皮道罗斯剧场

图1-32 罗马古城

图1-33 罗马古城堡

图1-34 罗马角斗场

图1-35 罗马万神庙

图1-36 凯旋门

3．工程技术与材料

每一种新构造技术、新材料的出现与使用，都演绎出新的环境艺术风格。

(1)古代建筑的结构体系。

结构是建筑的骨架，承受全部负荷，为建筑创造合乎使用的空间。

①中国式木构架、斗拱结构（图1-37、图1-38）。

图1-37 斗拱结构

图1-38 中国式木构架

②罗马的拱券结构、哥特教堂的拱肋结构（图1-39、图1-40）。

图1-39 罗马的拱券结构

图1-40 哥特教堂的拱肋结构

(2) 现代建筑的结构体系。

①框架结构：由梁和柱形成受力结构骨架的结构体系，常见的是钢筋混凝土框架结构（图1-41）。

②网架结构：由有限的杆件系统组成的一种大跨度空间结构形式（图1-42）。

图1-41 框架结构

图1-42 网架结构

③悬索结构：是利用张拉的钢索来承受荷载的一种柔性结构，具有跨度大、自重轻等特点（图1-43）。

④薄壳结构：壳体是屋面与承重功能合一的面系曲板结构（图1-44）。

⑤充气结构：利用膜材、人造纤维或金属薄片等材料内部充气来支撑建筑的结构形式（图1-45）。

图1-43 悬索结构

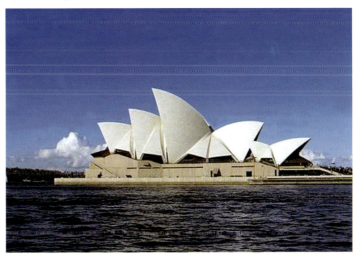

图1-44 薄壳结构

图1-45 充气结构

◎ 二、以技术进步引发的近现代风格与流派

1. 工业革命带来的巨变——抽象美学的诞生

在工业社会以前，一种式样和风格的形成往往经过几百年乃至上千年审美经验的积累，因此，传统建筑总是给人留下完美的印象，建筑活动也多因袭传统式样。19世纪以后，建筑规模空前扩大，建筑创作活跃，因循守旧的模仿已不能适应时代的要求，传统的建筑观和审美观已成为建筑进一步发展的枷锁。社会进步节奏的加快和对创新的追求，促进了建筑向现代化迈进。

1851年，采用铁架构件和玻璃装配的伦敦国际博览会水晶宫，被称为"第一个现代建筑"。新材料的大胆应用、造价和时间的节省、新奇简洁的造型……水晶宫的这些特点后来都变成了现代建筑的核心。埃菲尔铁塔（Eiffel Tower）（图1-46），这座全部用铁构造的328米高的巨形结构是工程史上的奇观，也是现代建筑正式走上历史舞台的一个宣言。其美感是无法用古希腊、古罗马、拜占庭、哥特、文艺复兴、巴洛克等等以前的一切风格来解释的，这就是现代的美、工业化时代的美。抽象美学伴随着科学技术进步和社会发展的要求而形成，它从一开始就带有明显的开拓性。

图1-46 埃菲尔铁塔（Eiffel Tower）

如果说人类文明自存在以来只有过一次变化的话，那就是工业革命。全新的材料、全新的社会关系、全新的哲学在这个新的时代里层出不穷，全新建筑的出现也就不奇怪了。如果说工业革命前的建筑学是"考古建筑学"，工业革命后的建筑学就是"技术建筑学"，是围绕着技术的进步展开的。从水晶宫的建成到第一次世界大战这段时间，各种各样的全新风格的建筑纷纷崭露头角。

2．现代主义意念的轨迹——几何抽象性

20世纪初，伴随着钢筋混凝土框架结构技术的出现、玻璃等新型材料的大量应用，现代主义的风格应运而生。第一代现代建筑大师们首先实现了观念的变革，他们抛弃了繁琐的模仿自然的装饰和僵化的传统建筑布局的禁锢，代之以抽象与简洁、自由组合的几何体，强调功能，追求建筑的空间感。钢结构、玻璃盒子的摩天楼将人们的艺术想象力从石砌建筑的重压下解放出来，以不可逆转的势头打破了地域和文化的制约，造就了风靡全球的"国际式"的现代风格。

这一时期，抽象艺术流派十分活跃，如立体主义、构成主义、表现主义等。抽象派艺术作品仅用线条或方块就可以创造出优美的绘画，这直接对建筑产生了影响。现代建筑的开拓者创办的包豪斯学校第一次把理性的抽象美学训练纳入教学。当时现代主义大师勒·柯布西埃正热衷于立体主义之纯粹派的绘画，他在建筑造型中秉承塞尚的万物之象以圆锥体、球体和立方体等简单几何体为基础的原则，把对象抽象化、几何化。他要求人们建立由于工业发展而得到了解放的以'数字'秩序为基础的美学观。1928年他设计的萨伏依别墅是他提出新建筑五特点的具体体现，对建立和宣传现代主义建筑风格影响很大（图1-47）。1930年由密斯凡得罗设计的巴塞罗那世博会德国馆（图1-48）也集中表现了现代主义"少就是多"的设计原则。

现代建筑造型的基本倾向是几何抽象性。标准化的几何体在当时适应了迅速发展起来的工业化社会的生产方式和大众对"量"的需求。在反传统的浪潮中，它以划时代的精神突出表现了时代特征，在第二次世界大战前后给全世界带来了面目一新的美感。几何体建筑在全球的普及，标志着抽象的、唯理的美学观的确立。

3．晚期现代主义的建筑学——个性与关系的探索

现代建筑对几何性和规则性的极端化妨碍了个性和情感的表现。都市千篇一律的钢筋混凝土森林与闪烁的玻璃幕墙使人感到厌倦和乏味，典型"国际式风格"成为单调、冷漠的代名词。为克服现代建筑的美学疲劳，20世纪后半期的建筑向着追求个性的方向发展，从多角度和不同层次上突破现代建筑规则的形体空间。

图1-47 萨伏依别墅

图1-48 巴塞罗那世博会德国馆

晚期现代建筑造型由注重几何体的表现力转向强调个性要素：一些建筑侧重于形状感染力的追求，如朗香教堂（图1-49）、悉尼歌剧院的造型都有穿越时空的魅力，使抽象语汇的表达得以大大地扩展和升华；很多建筑运用分割、切削等手法对几何体进行加工，创造非同一般的形象，华裔建筑大师贝聿铭的美国国家美术馆东馆（图1-50、图1-51）就是这种设计的杰作；美国"白色派"建筑师迈耶的作品（图1-52）把错综变化的复合作为编排空间形体的基本手段，在曲与直、空间与形体、方向与位置的变动中探索创新的途径。

图1-49 朗香教堂

图1-50 美国国家美术馆东馆

图1-51 美国国家美术馆东馆室内

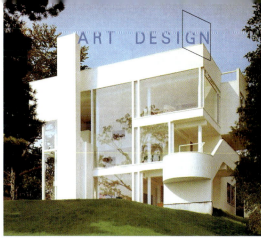
图1-52 迈耶作品

4. 后现代主义——抽象表达与具象相融合

20世纪60年代后期，西方一些先锋建筑师主张建筑要有装饰，不必过于追求纯净，必须尊重环境的地域特色，以象征性、隐喻性的建筑符号取得与固有环境生态的文脉联系，这种对现代主义的反思形成了后现代主义建筑思潮。在批判现代主义教条的过程中，后现代主义建筑师确立了自己的地位。

后现代主义的建筑师并未在根本上否定抽象的意义。被认为是后现代主义化身的美国著名建筑师格雷夫斯认为："我们需要某种程度的抽象，只有抽象才能表达暧昧的意念。但是如果形象不够，意念就难以表达，就会使你失去欣赏者，所以让人们理解抽象语言必须借助艺术形象。我的设计在探索形象与抽象之间的质量。"[①] 格雷夫斯的波特兰大厦（图1-53）被看做是后现代主义的代表作，其建筑外观虽具有大量的装饰，但绝不是传统式样的再现，而是通过抽象表达了富有时代感的精美与简练。格雷夫斯的作品既无现代建筑常有的冷冰冰的雷同感，又无复古倾向带来的不快。他的成功，在世界范围内树立了应用抽象的美学原理处理具体形象的典范。

图1-53 格雷夫斯的波特兰大厦

---
① 转引自史建：《后现代建筑及其对中国的影响》，《文艺研究》1994年第1期，第28页。

5. 解构主义——探索新形式的结构模式

建筑中的解构主义向古典主义、现代主义及后现代主义的建筑思想和理论提出了大胆的挑战。它的"非理"的理论根据在于冲破理性的局限，通过错位、叠合、重组等过程，寻求生成新形式的机遇。

解构主义的建筑师们更多地从表层语汇转向深层结构的探求，在形式语汇的使用方面倾向于抽象：屈米的维莱特公园（图1-54、图1-55、图1-56）被认为是解构主义的作品，其整体系统的开放性使场地的活动达到最大限度，向游人展示了活动和内容的多样性，又有统一规划的特点。该设计的策略是从理想的拓扑构成着手，设计出三个自律性的抽象系统——点系统（物象系统）、

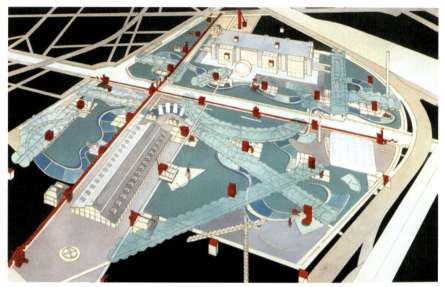

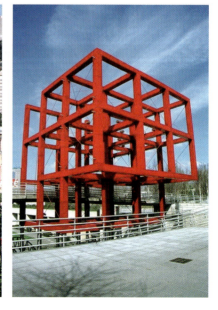

图1-54
图1-55　图1-56

图1-54　屈米的维莱特公园的三个抽象系统
图1-55　屈米的维莱特公园
图1-56　屈米的维莱特公园

线系统（运动系统）、面系统（空间系统）。他使三个系统精致、紧凑地叠合起来，形成相互关系、冲突的形势，强化了生气勃勃的公园气氛。埃森曼的韦克斯纳中心也被认为是解构主义的作品（图1-57、图1-58），它的基本结构形式是使城市和校园两套网络系统同时作用。埃森曼更多地注重深层要素的组织，建筑元素的交叉、叠置和碰撞成为设计过程和结果，虽然建筑表面似呈某种无序，但是内部的逻辑清晰统一。

总之，当代建筑的个性及高科技、有机环保趋向越来越显著，众多建筑风格流派如高科技派、结构主义派、超现实主义派等使城市景观及建筑格局呈现五光十色的景象。

图1-57 埃森曼的韦克斯纳中心

图1-58 埃森曼的韦克斯纳中心

学生习作

建筑形象记忆
无论整体的把握还是细节刻画
都符合课程要求

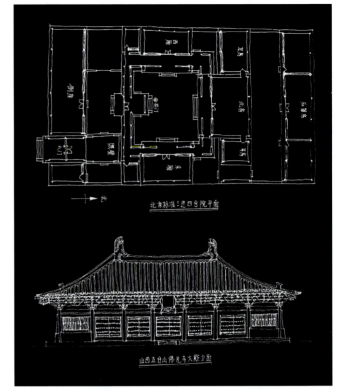

图1-59

图1-60

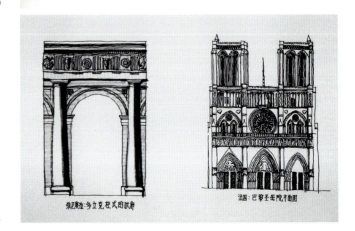

图1-61

图1-62、图1-63用小方块与投影的平面构成，表达了城市建筑的单调与拥挤感。用一些凸起、肌理感十足的模型呈现城市的喧嚣与繁华。

图1-62

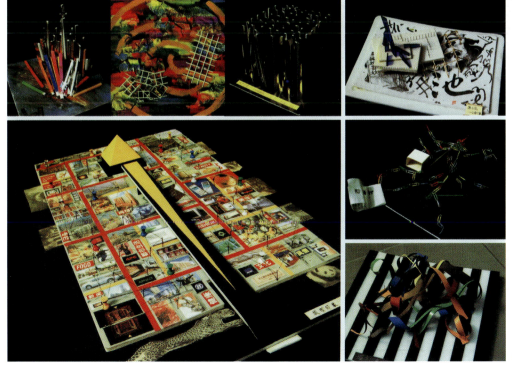

图1-63

本章思考与练习

◎ 1. 课内作业题——建筑形象记忆

(1)作业要求：结合对环境艺术设计风格与流派章节的学习，浏览十幅不同风格的建筑史图片，然后凭记忆画出每个建筑的主要特征。

(2)教学点评：图形记忆、推理等基本能力是环境形式创造的基础，因而对建筑形式表象特征的记忆和联想是课程训练的重要内容。本教学引导学生根据专业的特点，全面提高把握整体、刻画细节和丰富想象力三方面的能力。

◎ 2. 课外活动开展作业题——城市印象

(1)作业要求：用图或模型等不同表现形式来反映城市印象主题。

(2)教学点评：首先要求学生走进自己生活的城市，在大街小巷中穿行体验。在行走中与城市、建筑、人流融合交流，然后静心整理一下复杂的感受，提炼一些能传达自己对城市宏观或微观印象的符号、细节，并将其表现出来。

第2章 环境艺术设计的基本原理

第2章 环境艺术设计的基本原理

◎ 课时

8课时（教师主导课时：4课时，学生自控课时：4课时）

◎ 课前准备的要求

前修课程《设计概论》、《中外建筑史》

◎ 教学目标

通过本章学习，使学生了解环境艺术设计的基本创作规律；提高学生的设计素养和设计思维能力，为学习专业课和设计创作活动奠定基础。

第一节　环境与空间

◎ 一、空间的概念

空间，从心理学角度讲，是由物体与感觉到它的人之间产生的相互关系所形成的。如日常生活中就经常有意无意地创造着空间（图2-1、图2-2），一把雨伞、一块布、一个摊位等都会在"原空间"（原有空间）中限定出一个新的领域、新的空间，它可以使人明确感受到内外的差异，而当把雨伞、布和摊位撤掉之后，这种内外差别也就消失了，一切又都恢复到原有状态，我们在环境设计中则更多地用耐久、固定的方式，用各种

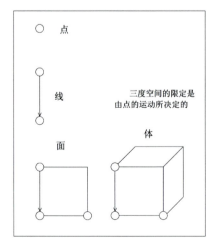

图2-1

人工和天然实体要素来限定空间。环境空间设计实际上就是人们为了一定的需求目的，使用某些实体要素，在"原空间"中限定出一部分新的使用空间的过程。

确立正确的空间概念十分重要，因为环境设计的意图，不仅仅是要展示空间界面本身的装饰，更重要的是体现人在空间中流动的整体艺术感受，不同的内部空间形态会产生不同的空间感受。

◎ 二、空间的分类

建筑空间是复合、多义的概念，同一形态、结构的空间，可能由于不同认知而具有多重属性。建筑空间通常的分类法有：

1. 从使用性质上分（图2-3）

(1) 公共空间。

凡是可以由社会成员共享的空间可称公共空间。

(2) 私密空间。

由个人和家庭占有的隐私空间。

(3) 半公共空间。

指介于公共空间与私密空间之间的过渡空间。

2. 从边界形态上分

(1) 封闭空间。

空间的限定性和领域感强、界面较封闭，具内向性和向心性。

(2) 开敞空间。

指空间的限定性非常弱，或空间的界面非常开敞，具有通透性、流动性的特点。

(3) 过渡空间。

介于封闭空间和开敞空间之间的空间形态，其界面的限定性不强，但又不完全封闭。

3. 从空间态势上分

(1) 动态空间(图2-4、图2-5)。

指空间具有很强的流动性，能产生强烈的动感。如扎哈·哈迪德设计的意大利卡利亚里现代艺术博物馆，充满幻想感的曲线界面空间产生了一种有节奏的、连续的动势。

图2-2

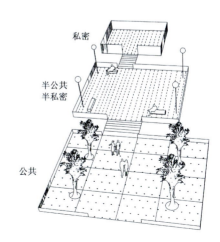

图2-3

(2)静态空间。

指空间较稳定,有一定的控制中心,能产生较强的驻留感。

(3)流动空间。

空间视线在垂直或水平方向上保持最大限度的交融与连续,追求连续、运动的特质。

4.从结构特征上分

(1)单一空间。

只有一个单体形态的空间。

(2)复合空间。

按一定方式组合在一起的有复杂形态的空间。

图2-4 扎哈·哈迪德 意大利卡利亚里现代艺术博物馆

图2-5 扎哈·哈迪德 意大利卡利亚里现代艺术博物馆

5. 从空间的感觉上分

(1) 肯定空间。

界面清晰、范围明确、具有领域感的空间。

(2) 模糊（灰）空间。

具有室内和室外、开敞和封闭等两种不同属性的空间形态，人们形象地称之为非白非黑，即灰空间，如中国园林中的天井（图2-6）。

(3) 虚拟（心理）空间。

空间边界的限定很弱，仅依靠联想和人的完形心理感受其限定性，这种空间称为虚拟或心理空间。

◎ 三、空间的限定手法

1. 围合（图2-7a）

不盖顶，四周封闭的空间形态。

2. 覆盖（图2-7b）

有盖顶，四周不封闭的空间形态。

图2-6 中国园林中的天井

3. 凸起（图2-7c）

局部高于周围地面形成显现性的空间感受。

4. 凹入（图2-7d）

局部地面下降，形成凹入空间环境。

5. 举架（图2-7e）

架起的空间在审美上为一些游乐性的空间所应用。

6. 设立（图2-7f）

物体设在视觉中央，空间的范围在设立物的四周。

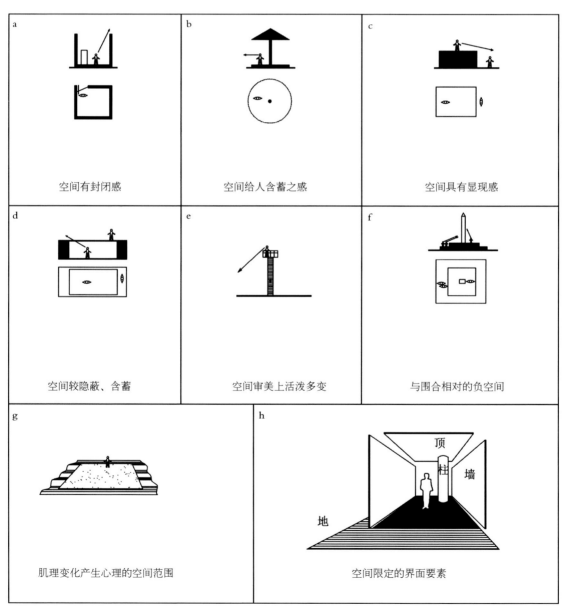

图2-7

7. 色彩、肌理变化（图2-7g）

地面不同的材质肌理变化，产生不同意义的空间区域。

◎ 四、空间的序列

1. 空间序列的阶段

(1)引导阶段。

这一阶段为序列的前奏，它预示着将展开的主体空间，对空间的主题起到暗示作用，因此，任何设计对这一阶段无不予以充分重视。此阶段考虑的重心是具有足够的吸引力。

(2)展开阶段。

既是序列的过渡部分，又是高潮阶段的前奏。在最终高潮出现前的过渡部分，可以用若干不同层次和细微的空间变化，起承前启后、引人入胜的导引、期待作用。

(3)高潮阶段。

从某种意义上说，空间序列中的高潮是精华和目的所在，是整个序列的中心。该阶段使人体验到最佳感受，因此也是空间艺术的最高体现。充分考量悬念的心理满足并激发人们的情绪是高潮阶段的核心。

(4) 收尾阶段。

由高潮恢复到平静是这一阶段的主要任务。虽然没有高潮阶段那么重要，但良好的结尾又如余音缭绕，有利于对高潮的追思与回味。

2. 空间序列的布局

空间序列的布局有直线型、曲线型、迂回型、循环型、立体交叉型等类别；有规则式、自由式、对称式和不对称式等构图。一般纪念性的建筑多采取规则和对称式的空间序列，而娱乐、观赏性建筑等多用自由式空间序列。

图2-8 巴黎香榭丽舍大道直线型空间序列布局成为巴黎城市魅力之源

图2-9 赖特设计的流水别墅追求空间层次多变,往往以多变和立体交叉型的空间序列布局,建构有机的建筑融汇

图2-10 盖里设计的西班牙毕尔马鄂市古根当姆博物馆采用繁复的序列布局,成为解构建筑的名作

图2-11 勒·柯布西埃在晚年设计的朗香教堂内部空间中,充分利用大小变异的墙洞,使不同时段的光线漫射进室内,产生了神秘莫测、动感变化的戏剧性效果,堪称时空环境艺术的佳作

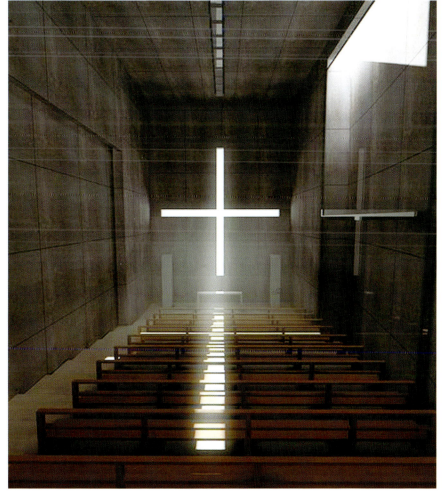

图2-12 安藤忠雄是一位善于将人对建筑空间、光的感悟结合起来的建筑师。光的教堂巧妙地运用十字架透光孔,使室内散发出一种空灵的境界,具有东方艺术独特的韵味

第二节 环境与形式美的规律

环境形式美的秩序原理是美学家、艺术家、建筑师们长期对自然和人为的美感现象加以分析、探索而获得的共同结论。它作为一种视觉手段，使建筑环境中的各种形式和空间在感性和概念上共存于一个有秩序、统一的整体之中。

环境形式美的秩序原理可分为比例与尺度、轴线与基准、均衡与稳定、韵律与节奏、对比与微差、等级、变换等项。

◎ 一、比例

比例是指环境要素局部、局部与整体、要素与要素的实际尺寸之间的数学关系。建筑设计比例的推敲是指寻求要素间最佳的数学比例关系，更为明确地说，整体形式中一切有关数量的条件，如长短、大小、高矮、粗细、厚薄等，在搭配得当的原则下即能产生良好的比例效果。

具有美感的比例关系有很多种，常用的有以下几种比例关系：

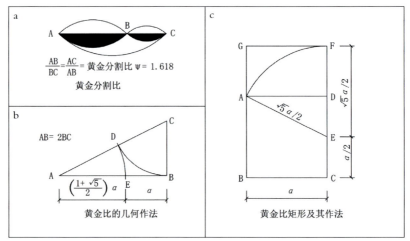

图2-13 黄金比及黄金比矩形

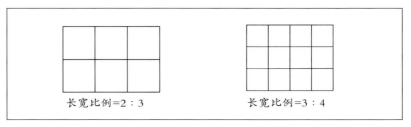

图2-14 整数比矩形

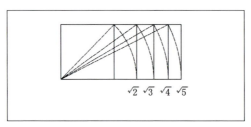

图2-15 平方根矩形

1．黄金分割比

使线段两部分之比等于部分与整体之比的分割称为黄金分割，其比值（$\mathbb{C} \approx 1.618$）称为黄金比。两边之比为黄金比的矩形称为黄金比矩形，被称为最均衡优美的矩形（图2-13）。

2．整数比

线段之间的比为2∶3、3∶4、5∶8等整数比的比例称为整数比。由整数比2∶3、3∶4和5∶8等构成的矩形具有静态的匀称感；由数列组成的复比例2∶3∶5∶8∶13等构成的平面具有动态的秩序感（图2-14）。

3．平方根矩形

包括无理数在内的平方根$\sqrt{n}$（n为正整数）比构成的矩形称为平方根矩形。源于古希腊的平方根矩形，一直是设计界重要的比例构成因素。以正方形的对角线作长边可作得$\sqrt{2}$矩形，以$\sqrt{2}$矩形的对角线作边长可得到$\sqrt{3}$矩形，依此类推可作得平方根$\sqrt{n}$矩形（图2-15）。

4．勒·柯布西埃模数体系

勒·柯布西埃模数体系是以人体基本尺度为标准建立起来的，它由整数比、黄金比和费波纳齐级数组成。柯布西埃这一研究的目的是为了更好地理解人体尺度，为建立有秩序、舒适的环境提供设计参考。该模数体系将地面到脐部的高度1 130毫米定为单位A，身高为A的4倍（A×n ≈ 1 130×1.618 ≈ 1 829毫米），向上举手后指尖到地面的距离为2A。将以A为单位形成的n倍费波纳齐数列作为红组，由这一数列的倍数形成的数组作为蓝组，这两组数列构成的数字体系可作为设计模数（图2-16）。

◎ 二、尺度

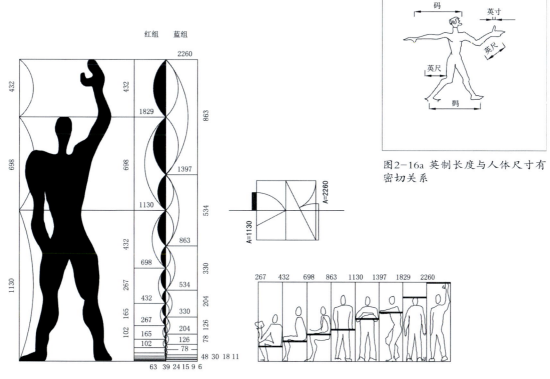

图2-16a 英制长度与人体尺寸有密切关系

图2-16b 柯布西埃的人体模数体系

尺度是人们进行各种测量的标准。在环境中，人受到空间实体要素限定的影响，其尺度感受十分敏感。尤其是房间和家具的尺度，都是由人体本身的尺寸及其活动范围决定的，它必须符合人的生理和使用功能的需要。了解和掌握人体工程的这些尺度，才能在设计中以人为本，使环境和空间设备能更好地为人所用（图2-17、图2-18、图2-19）。

◎ 三、轴线与基准

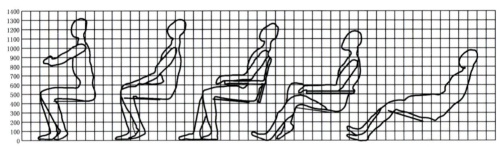

图2-17 各类凳椅的尺寸

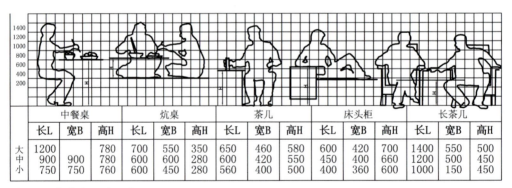

	中餐桌			炕桌			茶几			床头柜			长茶几		
	长L	宽B	高H	长L	宽B	高H	长L	宽B	高H	长L	宽B	高H	长L	宽B	高H
大	1200	900	780	700	550	350	650	460	580	600	420	700	1400	550	500
中	900	900	780	600	600	280	600	420	550	450	400	660	1200	500	450
小	750	750	760	600	450	280	560	400	500	400	360	600	1000	150	450

图2-18a 各类家具的尺寸

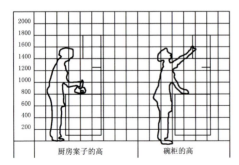

图2-18b 橱房家具的尺寸

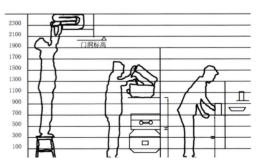

图2-18c 家具尺寸

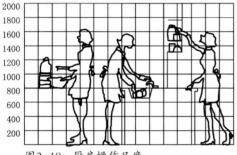

图2-19a 厨房操作尺度

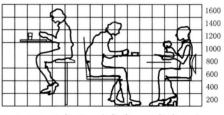

图2-19b 快餐凳、中餐桌、西餐桌尺度

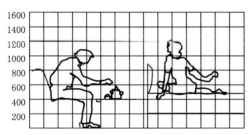

图2-19c 卧室床与起居室沙发尺度

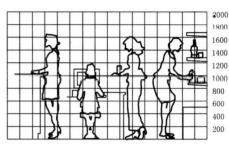

图2-19d 商业购物空间及其尺度

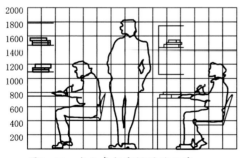

图2-19e 办公桌与空间设施尺度

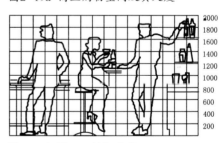

图2-19f 酒吧、栏杆尺度

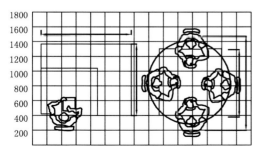

图2-19g 餐面、平面桌面尺度

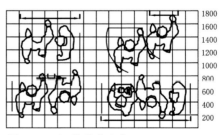

图2-19h 门的通道尺度

图2-20　日本严岛神社

轴线是建筑空间和形式组合中最基本的方法。连接空间中的两点得到一条线，形式和空间沿轴线呈规则或不规则地排列，如日本严岛神社和海中象征性的大门牌坊形成一条构图控制轴线（图2-20）。轴是想象的、暗示的存在，但却是强有力的支配全局的手段。各要素沿轴的具体布置是线形状态，因此它具有长度和方向，并引导人们沿轴运动和观赏，如北京故宫、天坛建筑轴线布局（图2-21、图2-22）。

从效果上说，轴线实际上就是基准线。但是一个基准不一定非得用直线不可，它可以用面或者体的形式。基准作为一种有效的组织秩序的手段，利用线、面或体的连续性和规则性来聚集、

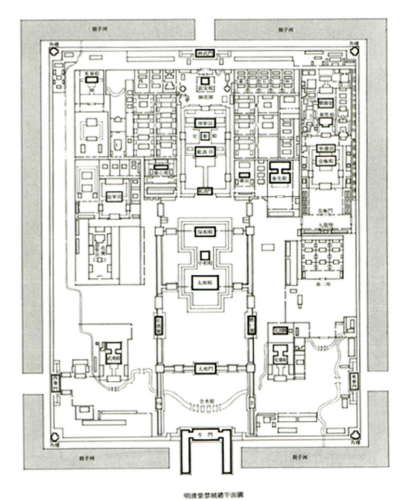

图2-21

图2-22 天坛创建于明初，嘉靖时完成现有布局，清代多次改建，由圆丘及祈年殿二区组成：前者冬至皇帝在此祭天，后者为祈求丰年之所

组织建筑形式和空间的图案。基准能以线、面体的方式，将一组随意的、不同要素的自由组合组织起来（图2-23）。

◎ 四、均衡与稳定

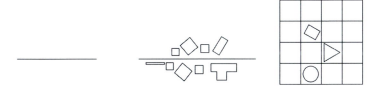

图2-23a 线 一条直线可以穿通一个图案或者成为图案的边缘，走线网格可为图案构成一个中性的统一领域

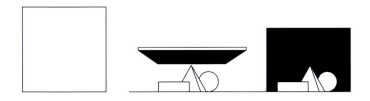

图2-23b 面 可以将图案的要素聚集在它的下方，或者成为图案的背景，把要素框入面里

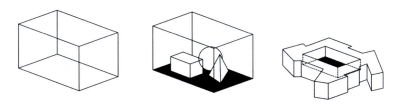

图2-23c 体 可以将图案集于它的范围内，或沿着它的周长将它们组合起来

这是指不同要素之间既对立又统一的空间关系。人类从长期的建筑实践中逐渐形成了一整套与静力平衡相关的审美观念，这就是均衡与稳定。稳定性是带技术性的、最基本的结构性质。结构的均衡与稳定是建立在静力平衡的基础上，使建筑形象趋于完美的一个必要条件，是空间造型中自然美之所在。

以静力平衡来讲，有两种基本形式：一种是对称的形式；另一种是非对称的形式。对称的形式天然就是均衡的。对称是以一个点为中心或以一条共同线为轴，将等同的形式和空间均衡地分布。基于此，人类很早就开始运用这种形式来建造建筑，如古罗马斗兽场圆形构图形成稳定的向心空间（图2-24）。与传统建筑一样，对称也是当代建筑取得均衡与稳定的最简单的形式，如英国政府为迎接21世纪而兴建的标志性建筑——千年穹顶

图2-24　古罗巴斗兽场

（图2-25）。这座直径320米的以12根高100米的桅杆所支承的圆球形屋顶采用了张力膜结构体系，其圆球形平面内包括一系列展示与演出的场地，以及购物商场、餐厅、酒吧等，均衡对称的壮观体形统一了错综复杂的功能平面，突显了强烈的标志性、纪念性。用这座建筑迎接新千禧年子夜的钟声，再恰当不过了。

长期以来，建筑师和工程师多半都是按照"把一个实体构件放在另一个实体构件之上"的原则来解决结构的承重问题。随着高强材料的出现，"拉力"在结构的均衡与稳定中起着越来越大的作用。现代结构方法越来越大胆的轻巧感，已经消除了与砖石结构的厚墙和粗大基础分不开的厚重感对人的压抑作用。随着这种厚重感的消失，古来难以摆脱的中轴线对称形式正在让位于自由不对称组合的生动而有韵律的均衡形式。例如加拿大Montreal博览会德国馆为非对称性构图的典范（图2-26）。该设计为了与自然环境协调，采用了变化极为自由的平面布局，使得馆内的空间组合仍有高

图2-25 英国千年穹顶

图2-26 加拿大Montreal博览会德国馆

低、疏密之分。变幻的曲面以及那富有机械技术表现力的节点形式给人以强烈的艺术感染力，使其成为20世纪最具影响的建筑之一。这类非对称式建筑，尽管外观上形式自由多变，但视觉上都始终以不等质或不等量的形态求得空间动态的均衡，能适应建筑平面布局和地形起伏的各种变化，因而，越来越多地运用于各类建筑中。

◎ 五、对比与微差

对比与微差是对整体中不同形式要素之间的差异性的比较描述。所谓对比，是指不同要素间显著的差异；所谓微差，则指不显著的差异。对比借助要素之间相互的烘托和比较而突出各自的特点以求得变化；微差则借彼此间的连续性渐变获得和谐。对比与微差相互结合，可以求得多样统一，如建筑师马岩松设计的"梦露"大厦造型与周围建筑环境形成对比中的统一（图2-27）。在环境艺术设计中，对比与微差手法的应用表现在许多方面：量的、形的、方向的、虚实、曲直、质感等。

图2-27 马岩松"梦露"大厦

◎ 六、韵律与节奏

韵律与节奏是客观事物的一种合规律的周期性变化的运动形式。节奏在环境中主要是通过形、色彩的反复、连续而有规律的变化来体现的。亚里士多德认为："爱好节奏和谐之美的形式是人类生来就有的自然趋向。"在人类的建筑活动中，人们很早就有意识地模仿和运用这一规律，使空间造型获得极富变化的条理性、重复性、连续性、渐变性的韵律美与节奏感。人们常形容这种美好的建筑形式为凝固的音乐。

设计实践中，韵律美的创造按其形式特点可以分为几种不同的类型：

1. 连续的韵律

即以一种或几种要素连续、重复地排列而成，各要素之间保持着恒定的间距和关系，根据建筑功能需要可以连绵延长（图2-28）。

图2-28a

图2-28b

2. 渐变的韵律

即连续的要素如果在某一方面按照一定的秩序而变化，逐渐加长或缩短，变宽或变窄，变密或变疏等（图2-29）。

图2-29a

图2-29b

3. 起伏错落的韵律

韵律如波浪之起伏，各组成部分按一定规律交织、穿插而形成，呈不规则的节奏感（图2-30）。

图2-30a

图2-30b

总之,设计师仅仅懂得按美学规律排列组织结构构件还远不够,只有同时从力学以及内外空间细部节点等技术因素的角度深入研究结构体系和结构构件的形式关系,才能真正有效地去发挥和利用结构本身所具有的韵律与节奏等形式美的因素,取得简洁、凝炼的艺术效果。

◎ 七. 等级

要表明组合中某个形式和空间的重要性和特别意义,必须使这个形式和空间在视觉上与众不同,如罗杰斯设计的巴黎蓬皮杜艺术中心(图2-31)采用反传统的设计理念,将原属于内部的管道和电梯全置于户外,外露的钢骨结构、复杂的外露管线五颜六色,具有未来主义风格。迥异的形式、空间创造使之成为巴黎先锋建筑的代表。

图2-31 罗杰斯 巴黎蓬皮杜艺术中心

设计中往往赋予一个形式和空间特别的尺寸、独特的形状或关键性的位置,来体现设计的不同等级意义(图2-32),如某景观设计中通过异常与正常的对比、规则图形中的不规则形状布局来寻求设计的灵动感(图2-33)。

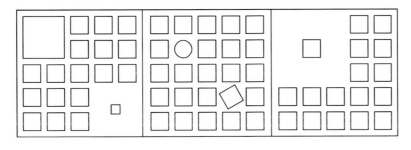

图2-32a 大小不同　　图2-32b 形状不同　　图2-32c 位置不同

图2-33

◎ 八、变换

设计者选择一个其形式结构及要素秩序都是合理适当的典型建筑模式，通过一系列的具体处理，将其变换成符合当时的实际情况和周围环境的建筑设计。变换，首先需要对过去的秩序体系或者建筑典型能够感知和理解，然后通过一定的变换和转化，使原本的建筑概念和组合原则得到建立并加强。如图2-34为一立方体概念形态及变换要素的秩序重构。

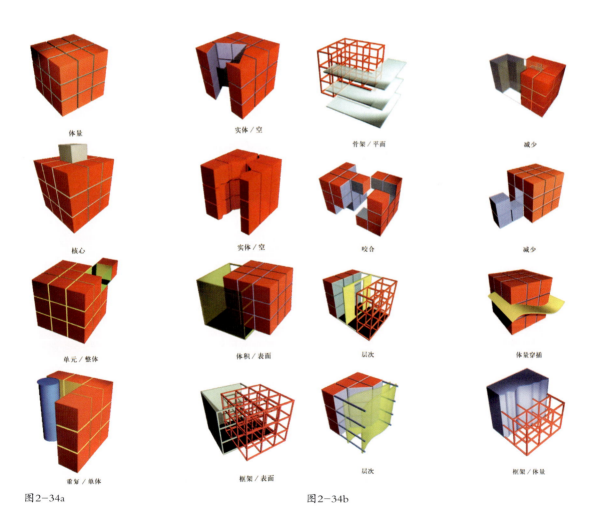

图2-34a　　　　　　　　　　　图2-34b

第三节　环境符号、语言

符号学是当今社会科学研究的一个重要领域，它被广泛应用于各人文学科，并引起这些学科研究方法的深刻变化。早在1968年，美国著名后现代建筑师文丘里曾指出："现代建筑某些内容的错综复杂程度已超出了建筑空间形式所能表达的能力，需要的是直截了当、粗犷，而不是细致曲折，这就要以象征符号作为交往传递的主要手段。因此，我们的审美激情必然更多地植根于符号而较少依赖于空间。"①在建筑环境艺术设计领域中，设计师不断致力于符号学的研究与运用，深入分析环境形式产生和演变的规律，探索环境形式于意义层面的关系，为环境艺术设计提供创新的方法和理论依据。近几十年来，随着后现代主义建筑风格对"现代"设计观念的质疑，大众"寻根"意识的回归及对环境"场所意义"的广泛关注，使符号学方法在今天的建筑环境艺术设计中的研究与运用，更具现实意义。

◎ 一、符号现象和规律的探索

何谓符号？每一个物质对象，当它在交际过程中，达到了传达关于实在，即关于客观世界或交际过程的任何一方的感情的、美感的、意志的等内在体验目的时，它就成为一个符号。简言之，所有能够以形象表达思想和概念的物质实在都是符号。

人类很早就已经注意到了符号现象。古希腊数理学家亚里士多德用"语言即观念的符号"这句话精辟地说明了人的思维和语言都离不开符号。德国哲学家卡西尔因此把符号看作是人区别于动物的标志。中国古代圣哲庄子在《庄子·外物》篇中指出："言者所以在意，得意而忘言。"也就是说，语言符号是由言和意所组成的。言即语音，意即语言所涉及的内容。西方对符号学本身的逻辑结构的分析研究则来自于美国逻辑学家皮尔斯，他指出：符号是用来指称或表示另外一个事物的东西，任何符号系统都是由三个因素所构成的：首先是媒体，它是作为符号来表征事物的东西；其次是符号所表征的对象；再次是解释，亦即解释者对符号系统的理解或说明。符号的这三个构成因素涉及人的整个意识活动的不同方面，从而形成人完整的思维和心理。在符号构成体中，人的感觉与媒介的特性相联系；人的经验与对象关联物相联系；人的思维活动则与解释相关。从符号与对象的关系上，可以将符号分为三类：一是图像性符号；二是指示性符号；三是象征性符号。这三种符号存在着由前者向后者，即由初级符号

---

① （美）罗伯特·文丘里、（美）丹尼丝·斯科特·布朗、（美）史蒂文·艾泽努尔著，徐怡芳、王健译：《向拉斯维加斯学习》，知识产权出版社2006年版，第25页。

向高级符号的深化。越是后者，与指涉对象的联系越间接，而其观念性和符号性也越强。

◎ 二、环境符号的分类

根据上述符号现象和规律的概念，建筑环境艺术设计符号系统通常分为三类：

1. 图像性设计符号

这是一种直觉性符号，它是通过模拟对象的造型而构成的。例如中国古建筑装饰中具象的"云龙"纹饰（图2-35a）。具象的门式、窗式，乃至脸谱化住宅、壁画、雕塑等都属于图像性符号或其复合体，这些符号是对现实环境中一些具体事物图形的模拟或造型描写，能给人以深刻印象，但一般化处理易缺乏深意。

图像性设计符号有时呈本体形态，有时呈标志形态。标志形态的图像性符号，具有与图像相似的同构关系。本体形态的图像性符号则比较复杂，它的所指和指涉物都是双重的。以苏州园林中的梅花形的漏花窗为例（图2-35b），整个窗的造型做成

图2-35a

图2-35b

梅花的形式,既是窗的形象,又是梅花的形象,因此这种符号具有叠加的双重语义。

2. 指示性设计符号

与指涉对象具有内在的因果关系。如门的形象成为了入口的指示,表征着出入活动的功能意义(图2-36);楼梯的形象构成了上下空间联系的指示性。实际上现代建筑环境设计中的构件造型和空间形象,大多数都是指示性符号及其复合体。

3. 象征性设计符号

这种符号与它所指称的对象之间没有必然的联系,而只是一种人为的约定俗成的关系所构成的。如故宫、天坛建筑中以圆象征天、以方象征地的平面构图(图2-37a),以及以龙象征王权等设计形式就是典型的象征性设计符号(图2-37b)。悉尼歌剧院的设计者约恩·伍重希望其作品看起来像一艘疾驰的帆船,象征澳洲国民的进取精神,建成后,大家公认歌剧院的那组壳体屋面作为象征性符号成功地表达了这一意义(图3-38)。

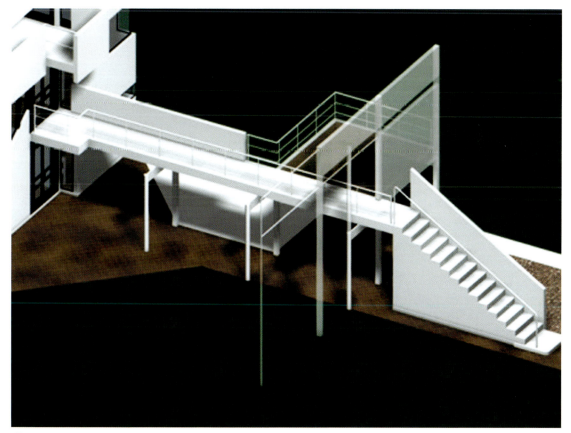

图2-36

图2-37a

图2-37b

图2-38

◎ 三、环境符号的构成形态

环境设计符号的构成形态在实际应用中常常并不以单一形态出现，而是呈现着各种各样的复合性和交叉性。复合形态的构成通常有以下几种：

(1)指示性符号与图像性符号复合，构成本体形态的图像性符号。

(2)指示性符号与象征性符号复合，构成本体形态的、抽象的象征性符号。

(3)图像性符号与象征性符号复合，构成标志形态的、具象的象征性符号。

(4)指示性符号、图像性符号与象征性符号三者复合，构成本体形态的、具象的象征性符号。

交叉性方式的构成主要有：

1．表里结合

如带浮雕面饰的梁坊，梁坊自身是指示性符号。

2．局部结合

许多装饰、结构物件自身整体是指示性设计符号，但其中某些局部则是图像性、象征性设计符号，如古罗马柱式上带具象装饰纹样的柱头，我国古代建筑中影壁墙上带具象图案的砖雕装饰物等。

3．整体融合

如梅花窗、执圭门、汉瓶门（图2-39）等，整个构件本身形成指示性与图像性或象征性的复合。

4．群体组合

即在建筑环境空间组合层次中，在以指示性符号为主导的建筑内，插入一些以图像性、象征性为主导的雕塑或小品建筑，如贝聿铭的香山饭店（图2-40）中庭设计形成多层次、多形态的复合、交叉，构成了建筑环境设计符号组合和审美语义的丰富多彩。

◎ 四、环境符号的设计应用

环境艺术设计中，由环境功能向建筑造型形式的转化就是应用建筑符号学的过程。在这个过程中，建筑造型形式成为传达信息的载体，即建筑设计的形式符号。它向人们传达出建筑环境所具有的各种意义。这里建筑环境设计师是信息的发送者，用户则是信息的接收者，要使接收者对符号取得与发送者同样的理解，就需要使发送者和接收者拥有一定数量的接近一致的符号储备，由此才能使建筑环境艺术设计与民众鉴赏之间获得审美感受的共鸣。

图2-39

图2-40 贝聿铭 香山饭店

在建筑环境艺术设计符号的语义表达和审美意境的塑造中，我们必须把握以下应用手法：

(1)要善于把握功能空间序列与观赏空间的统一，整个室内、外环境的功能尺度与空间尺度相协调，功能序列与观赏序列相协调。

(2)充分发挥本体形态的主干作用，尽量利用建筑装饰构件自身作为设计符号载体，突出纯正的"建筑语言"，保持建筑环境形式的抽象纯净。

(3)在运用构件表达语义和结构形式美时，注意内在的结构逻辑，不歪曲、掩盖构件的技术语义，呈现清晰的力学法则。

(4)具象的图像性符号使用要得体，必须与环境整体相融合，不宜滥用，起到画龙点睛的作用为妙。

(5)在一些特定的环境场合，善于把大分量的具象符号从单体构件中分离出去，转到组群层次上突现指示性与图像性的结合，保持单体物件中指示性设计符号体系的完整。

(6)在表达民风民俗、哲理文脉等方面需要运用象征性设计符号时，要严格予以规制，设计手段以抽象象征为主，这样既能有效地增添建筑环境体系的浪漫韵味，也不至于繁琐和复古。通常抽象象征的手法有方位象征、几何图像象征、形制象征、色彩象征等。

总之，在设计符号构成及创新的过程中，要注意几个重要特性：一是多元性。一个建筑环境，所用的符号是各种各样的，其中应既包括功能性和指示性符号，又包括文脉的象征性符号以及许多直觉性图像符号，使环境意境丰富多彩。二是重复性。符号以不同方式、尺度在建筑环境上重复使用可以加强信息传达的主题，如同音乐作品中主旋律的重复出现给人以强烈印象一样。三是重构性。符号通过切出、易位、裂变、叠合、尺度重组、材料重构等手法将建筑室内立方体空间打破，并建立新的秩序和组合。四是变形性。对传统的建筑符号进行合理的变形或抽象化、几何化，形成一种更新的联想境界。五是隐喻性。抽象的象征手法如以柱代表树木，以曲线、蓝色代表海洋等，让环境场所具有特殊的"意味"，更富有哲理。

符号学对环境艺术设计的启示是多方面的，它不仅告诉我们一种设计方法，而且还教给我们如何去思考，但作为一个崭新的研究领域，它有待我们去实践，去发现，从而跨越建筑语言层面的障碍。

作品鉴赏

贝聿铭的收山作品——苏州博物馆　新馆可以解读到和城市肌理的密切关系，以及十分嵌合明净致远而又深远内蓄的江南士风和吴文化的整体环境。这所有的组织，贝先生是以非常简明、便捷、出神入化的建筑语言来表达的：木贴面的金属遮光条取代了传统建筑的雕花木窗，以适宜博物馆展陈；书画厅巧用九宫格，对表达条幅式书画的用光和所需墙面十分有利；廊道、展厅的构架、天花板和木边使人联想起中国古建筑的语言，而廊窗外的一个个庭院，由窗取景，空灵淡泊，若隐若现。设计符号的建构，在整体上感受到文化的延续与传承，更让人震撼于其对苏州园林建筑的创新和超越

图2-41

图2-42

图2-43

图2-44

第四节　环境与完形心理学

完形心理学初创于德国，后发展成当代心理研究中一个重要的流派。由于此学派是以人对图形的视知觉理论为基础来研究人的心理和生理活动，所以完形心理学与艺术创作乃至建筑环境艺术设计中的视觉心理感受有密切关系。

早在1886年德国的沃尔芬就发表了《建筑心理学序论》；而把完形心理学具体、系统地运用于建筑领域的是丹麦建筑史家拉斯姆森，他在《作为经验的建筑》一书中，用完形原理来分析建筑和城市空间；日本著名建筑师芦原义信也引用这一理论进行外部空间环境设计，并创作出许多优秀的建筑作品；现代建筑大师密斯·凡·罗以其高深的艺术修养所提出的"少即是多"的设计思想，更与完形心理学揭示的"完形原则"不谋而合。

针对建筑环境艺术设计而言，可以从完形心理学中借鉴的主要有以下几方面：

◎ 一、环境建筑主体与背景的关系

丹麦学者埃德加·鲁宾很早就注意到主体与背景这一视知觉现象，1920年他绘制了著名的"杯图"来说明这一点（图2-45）。人的视觉经验证明：当人的视线观察到图中杯形，则此杯形易成为视觉的主体，白底成为背景，若注意到的是脸形的轮廓，则脸形成主体，黑底成为背景。有关的现象在建筑环境室内设计中不胜枚举，典型的如中国苏式园林室内镂花窗，图案黑围白或白围黑，主体与背景相映成趣（图2-46）。

图2-45　埃德加·鲁宾　杯图

图2-46　中国苏式园林室内镂花窗

完形心理学家进一步归纳出主体与背景关系的一般规律：主体表现较明确，背景相对弱；主体相对于背景较小时，主体总被感知为与背景分离的单独实体；主体与背景相互围合或部分围合并且形状相似时，主体与背景可以互换。

在环境景观、室内设计中有意识地处理好主体与背景的关系，不仅符合视知觉特点，更有助于强调设计表达的主旨，突出整体布局中的"趣味中心"。例如，贝聿铭的美国国家美术馆东馆入口设计（图2-47）：棱形的雕塑和作为背景的由简洁、挺拔的直线组成的建筑成体量、形状、质感和明暗的对比，这既增加了公共建筑环境的韵味，又点明了美术馆这一特定建筑形式的主题，并形成入口的导向；又如某美容院室内设计中把美人头的侧面剪影作为隔断造型，既划分了空间区域，视觉的主体形象又鲜明夺目，突出了美容室的特定环境气氛。

无疑，环境室内设计中某一形态要素一旦被作为主体，就会对整个构图形成支配地位；反之，不重视主体的设计常易造成消极的视觉效果。那么，怎样构成"良好完形"的主体呢？对视点静止的三维景观造型和室内二维几何平

图2-47

面、立面形态来说：

面积相对较小的，尤其是小面积形态与背景采用对比色时更易形成主体；

整体性强的形态易构成为主体；

封闭形态比开放形态易成为主体；

水平和垂直形态比斜向形态易成为主体；

对称形易成为主体；

简洁的几何形态易形成主体；

凸出形态比凹入形态易构成主体，如凸出形态的顶棚，富有层次的变化，很自然地降低了局部空间，以适宜于这一区域活动的场所感和领域感；

动感、变异的形态易构成特殊魅力的主体，如用动态很强的瀑布墙，突出空间的生气和活力，能起到画龙点睛的作用。

另外如勒·柯布西埃、路易斯·康、日本建筑师安藤忠雄等还善于运用环境形态中光影的变幻，来丰富环境主体的表现力（图2-48）。

图2-48

◎ 二、整体性与简化原则

完形知觉理论观点认为，知觉并不是各种感觉元素的总和，思维也不是观念的简单累加，知觉在组织视觉刺激时总是先感知到整体，之后才注意到构成整体元素的诸成分，而人的视觉思维还尽可能把空间位置邻近的视觉元素简化成明了、整体性强的视觉形象，所以许多杂乱、繁琐的复杂形体对人的视觉心理往往造成暧昧、不明确的"消耗性思维"。

在20世纪的建筑、室内设计中，简化与整体性已成为最基本的造型原则。现代环境、室内设计越来越注重造型体系，如建筑结构体系、建筑图式符号、家具陈设等形式的抽象化、单纯化、象征化；在室内空间构成中注重秩序的简洁，即充分运用建筑构图中的轴线、对称、等级、韵律和重复、基准、变换等秩序原理形成各造型要素间良好的"力场"。但简化原则的应用也有两面性，过分强调一点而忽视风格手法上的多元化与兼容性，反而会导致设计作品和视觉感受境界的单一和贫乏。在20世纪70年代前后崭露头角的后现代主义思潮，主张建筑形式和空间上的多意性、模糊性，它促使人们开始反思极端的现代主义"国际式"建筑风格，并探求设计语言的双重译码。后现代主义常用混杂手法，即在一个秩序共存的、均质化的整体中，用隐喻、变形、断裂、折射、叠加、二元并列等方式使部分构图变异而鲜明化，从而达到整体性与不定性、简洁与个性化的有机联系，深化了设计艺术的境界。

◎ 三、群化原则

视觉思维具有控制多个视点，使之形成有组织整体的倾向。在多个视点中相互类似、接近及对称的个体或部分都易被感知为整体，这种规律在完形心理学中称为群化原则。环境建筑、室内设计中，有关装饰构图、造型时常提的"母题法"，即是这种群化原则应用的实例。但其中因接近性而产生的整体效果不一定都起积极作用。例如北京天坛、苏州园林等中国传统建筑景观附近，又新建起许多庞大、高耸的现代化建筑群，使原来突出于蓝天背景上别具民族特色的环境景观突然成了现代建筑群中的一部分。新旧建筑过分接近，削弱了建筑文化心理的审美氛围，无论从历史文化角度还是从现代城市景观的构成方面加以考虑，这一效果都是消极的，具有破坏性。要协调好不同文化、地域、气候条件上的建筑环境，就必须正确把握群化原则的应用方法。

以群化原则作设计、创作手法时，分为以下几种：

(1)造型类似的群化：形状类似，但大小不一的形态成组，重复出现。

(2)质感类似的群化：如墙面与顶棚装饰采用石质铺面，有很强的自然韵味，登室如洞穴探幽。

(3)大小类似的群化。

(4)明度或色彩类似的群化：室内空间过高，所以把墙面上端涂成与顶面相同的深色，看上去空间就宜人多了。

(5)动感类似造成的群化（图2-49）。

(6)空间方向类似的群化。

(7)聚合性的群化：众多的构图元素成组、成团组合，使散乱的构图形成规律和统一感，如盖里设计的解构主义建筑，其立面造型运用参差错落的扭曲形进行聚合群化，形成了奇特、个性鲜明的特色（图2-50）。

图2-49

图2-50

◎ 四、环境设计中的"场"作用力

这一观点认为，物理现象是保持力关系的整体，而与之相对应的生理和心理现象当然也能保持力关系的整体，所有这些力即物理力、生理力和心理力都发生在同一场所之中，故被称为"场"作用力。研究人员进一步证实，当人感知到不同的形式时，会在物理力的诱导下对应产生不同的心理体验，对此研究深入到建筑环境领域的有阿恩海姆的《建筑形式的动力学》，其中提出了形式设计的力学原理。

我们在考虑建筑环境造型美学问题时，多偏重于建筑造型的形式美法则，但同时却忽视心理在构图中所起的作用。有意识地体现出空间或形式这个场中的良好的力的关系，才能创造出优质完形的作品。在建筑平面、空间构图中，我们若把一些关键的、重点的构件、因素、内容等布置在引力场的中心位置，就容易起到控制全局、突出重点的作用；相反，适当偏离引力场中心点，又能产生力的诱导，产生悬念。

在环境艺术设计中可以从以下几方面来体现力的关系：

1. 力的渐变

无论是量的、形的或色彩的递次变化等，都会在知觉上表现为某个方向的力。力的渐变暗示着时空的推移，同时还可以促成立体感、节奏感、诱导感的心理反应。

2. 力的均衡

力的均衡包括对称均衡和非对称均衡，非对称均衡的效果使人产生稳定、庄重的感受。

3. 力的强弱

当形成对比的两个对象在形状、大小、色彩、位置、材料或其他方面有所差别时，都会在心理上造成力的强弱之感，为了打破空间或立面造型的单调平淡，可以利用力的强弱对比关系，造成具有张力的视觉效果。

当前环境设计审美意识的重心已从单纯追求形式美感转向以人为主体的人性心理的空间意境创造，强调人的参与与体验。无疑这一信条促使当今的设计师更加重视从心理学派理论中吸取创作养料，使环境心理的研究与应用更贴近人对真实环境的体验与追求。

第五节　环境与感觉机制

美国著名建筑师波特曼曾深有感触地指出："如果我能把感官的因素融入设计中去，我将具备那种左右人们如何对环境产生反应的天赋感应力。这样，我就能创造出一种所有人都能直觉地感受到和谐的环境来。"① 的确，掌握了人对环境的感觉机制，设计者在人居环境设计中就可以想使用者所想，可以更好地了解城市人居环境设计中存在的问题，使环境更加符合使用者的心理需要。

人生活在环境中，环境要素的形状、色彩、质地、声音等个别属性通过感官作用于人脑，引起人们的理解、记忆、想象和审美等较高级、较复杂的心理活动，就构成了人对环境的感觉现象，离开了感觉，我们就无法知道实体的任何形式，也不能知道空间的任何形式，更为重要的是，不通过感觉或没有感觉为我们提供环境信息，我们就不可能调节自己的行为，也就无法生存下去。因此，将多种感觉机制导入人居环境设计的目的是在人与环境之间建立最适应的关系，最大限度地满足使用者的需要。以前，人居环境设计过于依赖设计者的个人直觉或主观经验，因此具有很大的局限性，往往设计者洋洋洒洒，而使用者却不知所云，这样的设计结果只能给人以"盲人摸象"般的感受。

人对某一景观环境的知觉体验是由有意义的"多种"感觉组成的，根据刺激物的性质和它所作用的感官的特性，可以将感觉区分为外部感觉和内部感觉。视觉、听觉、嗅觉、触觉等通常被称为外部感觉；而动觉、平衡觉等被称为内部感觉（图2-51）。近年来，关于"多种"感觉性质的研究不断深化，为人居环境设计提供了许多有意义的启示和方法。

◎ 一、视觉

"百闻不如一见"这句成语生动地反映了视觉在人的知觉中的重要地位。在生理构造上，人的视觉功能是有限的。据测试，人在正常平视的情况下，明视距离是25厘米，这时人们可以看清环境景观材质表面细微的肌理效果；250米左右可以看清景观形体的组合关系和局部轮廓；距离500米时景观建筑只剩下大致的形象和整体轮

---

①转引自邓庆尧：《环境艺术设计》，山东美术出版社1995年版，第146页。

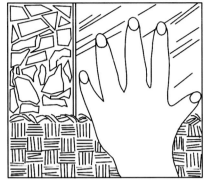
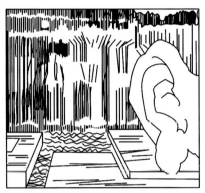

图2-51(a,b,c,d) 触、听、嗅、动觉，均能造成不同的心理空间

廓线；而相距4000米之外时就不易看清建筑环境了，此时景观的细部已经"消失"，色彩成为灰色，整体轮廓也变得模糊不清。因此，进行环境景观设计时要充分考虑人们的主要观赏距离，对观赏距离较近的环境景观要素应该采用细致精妙的处理手法；相反，对主要观赏距离定位较远的环境景观要素则可采取"大手笔"的处理方法。对于大多数观察者较难接近的远观景点，繁琐的表面处理已毫无意义，这时设计者只能通过大块面的形体和色彩的处理来表达其设计意趣。另外，在视野范围内，同样的形体处于上、下、左、右不同的位置，看起来其大小往往也不一样，一般位于上部和右侧的会显得大一些，因此在景观环境构图中，要取得一种上、下、左、右的均衡稳定，位于上部和右侧的要素的实际"重要"应比它们相对的要素"轻"一些。

◎ 二、听觉

听觉接收的信息远比视觉要少，一般人除利用听觉作为语言交往、相互联系的手段外，还可用其洞察环境。声音虽传播短暂而不集中，但其无处不在，因此不仅与室内而且与室外、不仅与局部而且与整体环境的体验密切相关。消极方面固然有噪声产生的不利影响，可是积极方面却获益更多。丹麦学者拉斯穆森在《体验建筑》一书中强调，不同的建筑反射能向人传达有关形式和材料的不同印象，促使人们形成不同的体验。事实上，不仅能听"建筑"，还能听"环境"，无论是人声嘈杂、车马喧闹，还是虫鸣鸟语、竹韵松涛都能有力地表达环境的不同性质，烘托不同的环境气氛；从嘈杂街头进入宁静地带时，声音的明显对比会留下特别深刻的印象；特定的声音还能唤起有关特定地点的记忆和联想，林语堂先生曾夸张地说："闻橹声如在三吴，闻滩声如在浙江，闻羸马项下铃铎声，如在长安道上。"至于特殊的声音信号，诸如教堂钟声（图2-52）、工厂汽笛、校园广播，远近相承，有

图2-52

图2-53

如召唤,更能加深人们对归属于特定时空的认同。在园林中喷泉的水声、室内中庭的人工瀑布声能掩蔽噪音,起到闹中取静,回归自然的作用,有利于公共环境中游人从事休憩和私密性活动(图2-53)。

◎ 三、嗅觉

嗅觉也能加深人对环境的体验。公园和风景区具有充分利用嗅觉的有利条件:花卉、树叶、清新的空气,加上远来的微风常会产生一种"香远益清"的特殊环境效应,令人陶醉;有时,还可建成以嗅觉为主要特征的环境景观,如杭州满觉陇(图2-54)和上海桂林公园。

图2-54 杭州满觉陇

◎ 四、触觉

通过接触感知肌理和质感是人们体验环境的重要方式之一。可以说，质感来自不同触觉的感知和记忆。对于成人，主要来自步行或坐卧，对于儿童，亲切的触觉是生命早期的主要体验之一，从摸石头、栏杆、灌木、雕塑直到建筑小品，用触觉感知环境几乎成为人们孩提时的习惯。创造富有触觉体验的安全环境，对于儿童身心发展具有重要的意义。在设计中，质感的变化可作为划分区域和控制行为的暗示，如用不同铺地暗示空间的不同功能，用相同的铺地外加图案表明预定的行进路线。不同的质感，如草地、沙滩、碎石、积水、厚雪、土路、磴道，有时还可用来唤起不同的情感反应，如南京大屠杀纪念馆铺满4厘米厚的卵石，使人产生一种干枯而无生机的悲哀感（图2-55）。

◎ 五、动觉

动觉是对身体运动及其位置状态的感觉，它与肌肉组织和关节活

图2-55 南京大屠杀纪念馆地面铺满卵石

动有关。身体位置、运动方向、速度大小与支承面性质的改变都会造成动觉的改变。如水中汀步（踏石），当人踩着规则布置的汀步行进时，必须在每一块石头上略作停顿，以便找到下一个合适的落脚点，而造成方向、步幅、速度和身姿不停地改变。如果在动觉发生突变的同时伴随着特殊的景观设计，突然性加特殊性就易于使人感到意外和惊奇。在小尺度的园林和其他建筑中，"先抑后扬"、"峰回路转"、"柳暗花明"都是运用这一模式的代表。在大尺度的风景景观中，常可利用山路转折、坡度变化和建筑环境亮相的突然性，达到同一目的，至于特殊的动觉体验，如沿沙山下滑（鸣沙山）、攀登天梯（图2-56）、探索溶洞等，更是多种多样，不胜枚举。深刻的动觉体验可成为人居环境景观设计的重要特色。

◎ 六、温度与气流

人对温度和气流也很敏感，盲人尤其如此。在城市中凉风拂面和热浪袭人会造成完全不同的体验，其中，热觉对人的舒适和拥挤感的影响尤其明显。在环境景观设计中要尽可能为人提供夏日成荫、冬日向阳的场所，并努力消除温度和气流造成的不利影响。例如，不应在室外铺设大面积的硬质地（如广场），因为它

图2-56 这种"低头看石抬头观景"的现象，是动觉和视觉相结合的特殊模式

们为北风肆虐、烈日逞威提供了方便；再如，冬季狂风会给临街高层建筑底层的行人带来不适，改进建筑总体布局和体量，妥善处理步行道设计并设置导风板，是可行的解决办法。

由于园林环境景观始终涉及上述多种感觉因素，因此在环境设计中加强多种感觉性及关系的研究与运用能更深刻地形成人对环境特色的体验。南京鸡笼山上建构的鸡鸣寺环境有力地说明了这一点（图2-57），鸡鸣寺庙宇不大，不过数殿；宝塔不高，不过七层，却给人留下很深的印象：视觉——成贤街的对景，九华山东望的主景，眺望玄武湖的前景；听觉——诵经声、钟磬声、铃铎声；嗅觉——焚香产生的特殊气味；动觉——登山和登塔时的转折上下；味觉——素菜馆的风味食品。上述多种感觉的综合利用，均提供了与寺庙景观相协调的信息，形成了深刻的整体环境体验。

在城市人居环境景观设计中充分重视和恰当运用上述原则，就能从人对环境的基本心理现象出发，触类旁通，进一步就环境态度、活动模式、文化变量和特定环境进行研究和探讨，创造出更符合使用者需要的环境园林景观，从总体上改善人居环境的质量和提高其艺术水平。

图 2-57　南京鸡笼山上建构的鸡鸣寺环境

本章思考与练习

第一节

◎ 1. 课外活动作业题——空间序列调研分析

(1)作业要求：将学生分组到市区商业步行街体验调研，观察沿街建筑与街道空间视觉吸引力是如何构成的？调研商业步行街空间序列如何进行动线设计，用图文分析说明。

(2)教学点评：注重研究商业步行街空间动线的虚实变化；建筑的尺度与材料；景物的次序，位置关系，角度的变换，远、中、近景的推移；运动的时间与距离；色彩、材质以及店面招牌、灯箱、小品、铺地等造型元素与空间序列组织关系的研究。

◎ 2. 课内作业题——空间围合变化产生的光影

(1)作业要求：充分调动自己头脑中的光影意象，在100平方米的房间里，创建空间光影的变化来表达如下感觉：崇敬；紧张；恐惧。

(2)教学点评：自然光是界定空间的要素，而光与影是显示建筑空间、表现造型艺术、美化室内环境的重要手段。通过对光与建筑空间关系的研究，可以对建筑的本质获得更为深刻的认识。研究光与建筑造型的关系，巧妙地运用光与影可以获得神奇的艺术效果。

第二节

◎ 1. 课外活动作业题——空间尺度体验

作业要求：细心体验你真实的家居空间，测出门、窗、地面、顶面、墙、楼梯及踏步、阳台的尺度，然后想象一下，如果把其中一个部分的尺度改变一下，如把门变高、变宽或窄，会使人产生何种感觉，是否影响人的行为模式？

◎ 2. 课内作业题——形式美构图

作业要求：在一个已知的建筑立面上配上门、窗，使其立面形式具有韵律美。

第三节

◎1. 课内作业题——建筑符号的抽象和重构

(1)作业要求：取典型的中国传统建筑门窗的形式，抽取其中若干的建筑符号。将它们进一步抽象和变换，重构于一座现代建筑门窗立面中。要求提交多种变化草图方案。

(2)教学点评：要求画出抽取的原型符号，使其进一步抽象、变形，经一系列转换的过程，最终设计出有传统意味的现代建筑门窗立面。

◎2. 课外作业题——景观凉亭设计

作业要求：从西方古典柱式和拱券式建筑中抽象出符号，将它们变换，启发思考，做一凉亭设计。

第四节

◎1. 课内作业题——图一底关系及其组织结构

作业要求：用黑白关系来表现同一个物体的色彩、造型、轮廓、质感、光影。

◎2. 课内作业题——视觉心理学原理体验

作业要求：用一张较透明的纸盖在一幅建筑画上，不管细节，用马可笔粗略地描绘出3~5个组合方式。如建筑本身的形象是由几个线条组合而成，建筑与环境的关系，天际线的形态，尺度的形成……然后比较一下每张画，说说自己这么画的理由。

第五节

◎1. 课外活动作业题——校园环境综合体验

(1)作业要求：根据你在校园环境中的多种感觉（视觉、动觉、触觉、听觉等），分析你的校园环境是否宜人？如果存在不宜人的地方，如何改进？试用图文加以分析说明。

(2)教学点评：首先要求学生进行独立调研，然后分小组讨论，思考、探讨多感觉机制在环境体验中的互动关系，如校园空间动线设计中——视觉、动觉（移步换景）、触觉（脚对校园路面的接触感；校园摩肩接踵的人流）因素的关联性；校园建筑及景观肌理环境——视觉与触觉共同作用的体验。

◎2. 课内作业题——以"海洋"为主题的餐馆室内设计构思

作业要求：以海洋生态环境为设计特点，从视觉、听觉、触觉以及嗅觉效果提出餐馆室内设计的立意构思。用图文设计说明。

第3章 环境艺术设计表现基础

第3章 环境艺术设计表现基础

◎ 课时

48课时（教师主导课时：12课时，学生自控课时：36课时）

◎ 课前准备的具体要求

《专业素描基础》、《专业色彩基础》

◎ 教学目标

设计的最终目标是把头脑中的构思理念转化为视觉形象展现在用户面前。充分、美感的方案表达为设计的实施应用打通了道路。在环境艺术设计的初学阶段，除培养学生具备一定的设计创意思维能力外，还要掌握相应的设计表现技能。

环境艺术设计创意的奇思妙想要转化为现实，就必须把它传达给方方面面的用户，因此环境艺术设计方案的表达是设计沟通与交流的桥梁，是设计的重要环节。设计表现既是向他人展示设计成果的手段，也是设计者完善和共享设计思想的主要方法。

环境艺术设计表现图有三个基本类型：构思推敲性图样、展示媒介的图样、工程施工图样。每种类型之间有着明显的区别，本章将对绘制这些图样使用的绘图工具、标准、符号及技巧进行讲述。

第一节 环境艺术设计工程制图

环境艺术设计工程制图是表达环境建筑工程设计的技术图样，是施工的依据。为了使环境建筑工程图表达统一，利于技术交流识读，对于图样的画法必须按《房屋建筑制图统一标准》的国家制图标准来绘制。

◎ 一、制图基础知识

1. 图纸的幅面格式

国家规范图纸的幅面、图框格式（图3-1、图3-2）。若图幅需增加幅面，A0、A2、A4幅面的加长量按A0幅面长边1/8的倍

(mm)

尺寸代号	幅面代号				
	A0	A1	A2	A3	A4
b×l	841×1189	594×841	420×594	297×420	210×297
c	10			5	
a	25				

图3-1 图纸幅面及图框尺寸

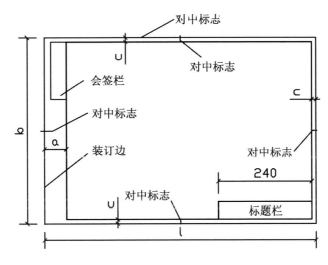

图3-2a A0~A3模式图面

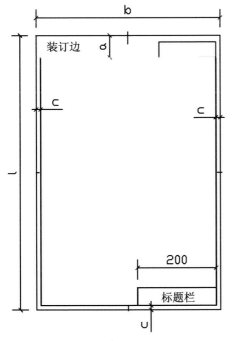

图3-2b A0~A3方式图面

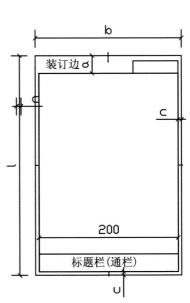

图3-2c A4立式图面

数增加；A1、A3幅面的加长量按A0短边的1/4倍数增加。标题栏、会签栏格式，如图3-3、图3-4所示。标题栏的位置设在图纸右下角，主要用于说明工程名称、设计者或单位名称、图号、图名、比例、日期等内容，便于管理查询。会签栏填写工程设计涉及会签者所属专

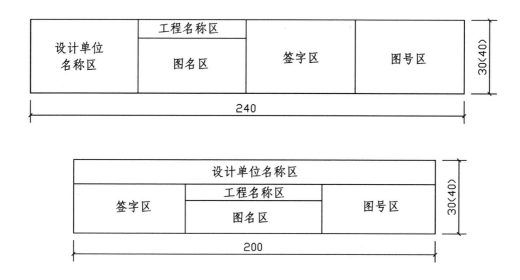

图3-3 图纸标题栏

图3-4 会签栏

2．比例

比例是指环境建筑工程制图中图样与实物相对应的线性尺寸之比。根据专业制图需要，工程制图需选用不同的放大或缩小比例，如对于环境建筑工程，通常要把实物缩小绘制在图纸上；而对于一个很小的装饰构件，又往往要将其放大绘制在图纸上。比例应由阿拉伯数字来表示。比值为1的比例称原值比例，即1∶1；比值大于1的比例称放大比例，如1∶2、1∶10、1∶100、1∶500等。

比例尺上刻度所注的长度，代表了要度量的实物长度，如1∶100比例尺上1厘米的长度，代表了实物1米的长度。1∶100图形的比例关系表示绘制的图形尺寸是实物的百分之一，其他比例如1∶10、1∶50等，依此类推。

1∶100比例的建筑图中，1平方厘米表示实际房间的1平方米；1∶50比例的建筑图中，2平方厘米表示实际房间的1平方米。

建筑工程制图常用比例（图3-5）。

常用比例	1∶1, 1∶2, 1∶5, 1∶10, 1∶20, 1∶50, 1∶100, 1∶150, 1∶200, 1∶500, 1∶1 000, 1∶2 000, 1∶5 000, 1∶10 000, 1∶20 000, 1∶50 000, 1∶100 000, 1∶200 000
可用比例	1∶3, 1∶4, 1∶6, 1∶15, 1∶25, 1∶30, 1∶40, 1∶60, 1∶80, 1∶250, 1∶300, 1∶400, 1∶600

图3-5a

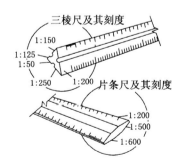

图3-5b

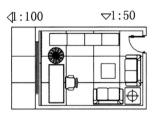

图3-5c

图 3-6

3. 制图工具

常用的环境建筑工程制图工具有图板、图纸、一套铅笔、一套尺具（丁字尺、三角板、曲线尺、比例尺、绘图模板）、一套绘图针管笔、一套绘图仪等辅助工具（图 3-6）。

4. 正投影与三视图

（1）正投影原理（图 3-7）。

投影方向垂直于投影面的投影方法称为正投影。在环境建筑工程制图中所绘制的图样均采用正投影方法获得。

① 直线平行于投影面，它的投影反映实长；平面平行于投影面，它的投影反映实形。

	直线的正投影	平面的正投影
实行性		
收缩性		
积聚性		

图 3-7 正投影的特征

②直线垂直于投影面，它的投影成为一个点；平面垂直于投影面，它的投影成为一条直线。这称为正投影的积聚性。

③平面如不平行，也不垂直于投影面，它的投影是一个类似形。

(2)三视图。

环境物体都是由长、宽、高三个方向构成的一个立体空间，称为三度空间体系。要在设计中全面、真实、准确、完整地表明它，就必须利用正投影制图的原理，绘制出物体三个方向的正投影，称为三视图。

①三视图的特性（图3-8）。

第一，同一物体的三个投影图之间具有"三等"关系，即正立投影与侧投影

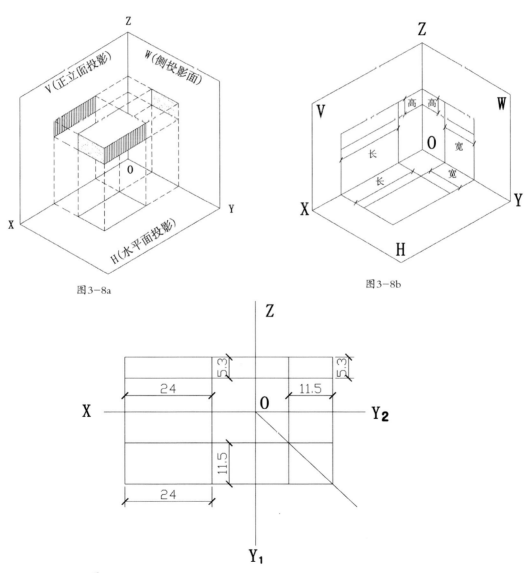

图3-8a 图3-8b

图3-8c

等高；正立投影与水平投影等长；水平投影与侧投影等宽。

第二，在三个投影图中，每个投影图都反映物体两个方向的关系，即正立投影图反映物体的左、右和上、下的关系，不反映前、后关系；水平投影图反映物体的前、后和左、右的关系，不反映上、下关系；侧投影图反映物体的上、下和前、后的关系，不反映左、右关系。

②三视图的画法布置：以沙发为例（图3-9）。

第一，先画出水平和垂直十字相交线，表示投影轴。

第二，根据"三等"关系，正立投影图和水平投影图的各个相应部分用铅垂线对正（等长）；正立投影图和侧投影图的各个相应部分用水平线

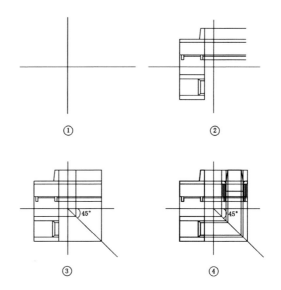

图3-9a

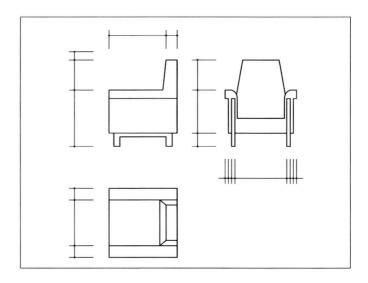

图3-9b

拉齐（等高）。

第三，水平投影图和侧投影图具有等宽的关系。作图时先从O点作一条向下斜的45度线，然后在水平投影图上向右引水平线，交到45度线后再向上引铅垂线，把水平投影图中的宽度反映到侧投影图中去。

第四，在熟练掌握三视图的画法后，在实际工程设计图中，一般不画出投影轴，各投影图的位置也可以灵活安排。

◎ 二、环境建筑设计制图

1. 建筑制图要求与规范

(1)尺寸标注。

①标高及总平面以米（m）为单位，其余均以厘米（cm）为单位。

②尺寸线的起止点，一般采用短划和圆点（图3-10a）。

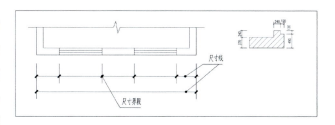

图3-10a

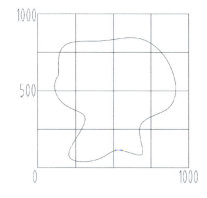

图3-10b

③曲线图形的尺寸线，可用尺寸网格表示（图3-10b）。

④圆弧的表示法（图3-10c）。

(2)标高标注。

标高一般注到小数点后第二位止，如+3.60及-1.50等（图3-11）。

(3)图线。

在绘制环境建筑工程制图时，为了

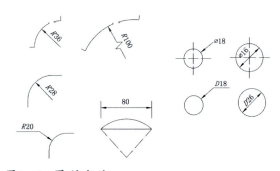

图3-10c 圆(弧)标注

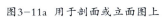

图3-11a 用于剖面或立面图上

图3-11b 用平面图上

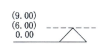

图3-11c 同时表示几个不同高度时的标高标题法

表示图样中的不同层次及主次，必须使用不同的线型和不同粗细的图线。

①图面各种图线的线型及粗细、用途，应按图3-12a的规定采用。

②定位轴线：定位轴线的编号在水平方向的采用阿拉伯数字，由左向右注写；在垂直方向的采用大写汉语拼音字母（但不得使用I、O及Z三个字母），由下向上注写（图3-12b）。

③剖面的剖切线：剖视方向，一般向图面的上方或左方，剖切线尽量不穿越图面上的线条。剖切线需要转折时，以一次为限（图3-12c）。

④折断线：圆形的构件用曲线折断，其他一律采用直线折断，折断线必须经过全部被折断的图面（图3-12d）。

名　称		线　型	线宽	一般用途
实线	粗	———————	b	主要可见轮廓线
	中	———————	0.5b	可见轮廓线
	细	———————	0.25b	可见轮廓线、尺寸线、图例线等
虚线	粗	- - - - - - -	b	见各有关专业制图标准
	中	- - - - - - -	0.5b	不可见轮廓线
	细	- - - - - - -	0.25b	不可见轮廓线、图例线等
单点长画线	粗	—·—·—·—	b	见各有关专业制图标准
	中	—·—·—·—	0.5b	见各有关专业制图标准
	细	—·—·—·—	0.25b	中心线、轴线、对称线
双点长画线	粗	—··—··—	b	见各有关专业制图标准
	中	—··—··—	0.5b	见各有关专业制图标准
	细	—··—··—	0.25b	假想轮廓线，成型前原始轮廓线
折断线		——/\——	0.25b	断开线
波浪线		～～～～	0.25b	断开线

图3-12a　图线的线型、线宽及用途

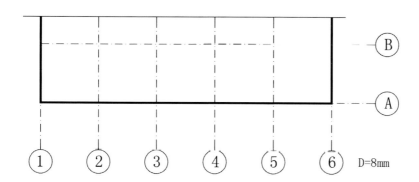

图3-12b 一定定位轴线的注法

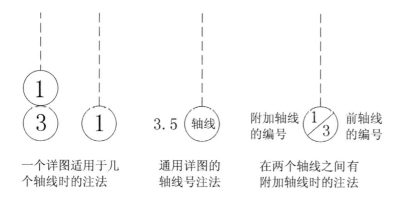

图3-12b 个别定位轴线的注法

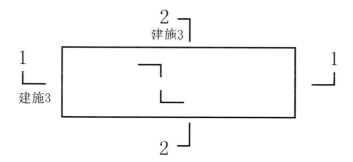

图3-12c

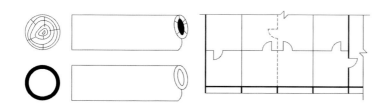

图3-12d

(4)建筑图例符号（图3-13）。

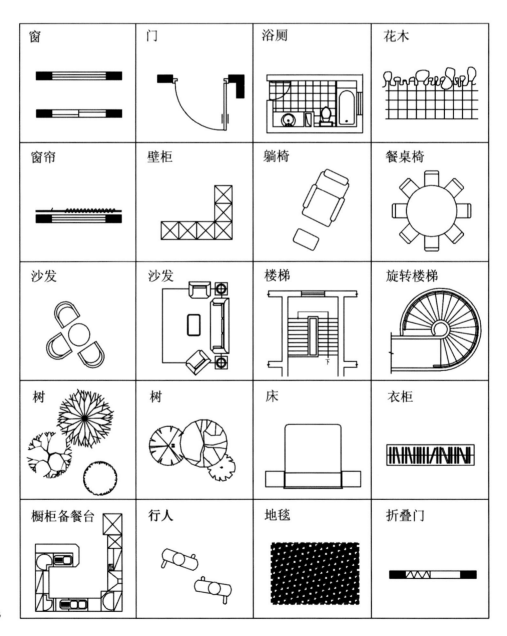

图3-13

(5)景观绿化图符（图3-14）。

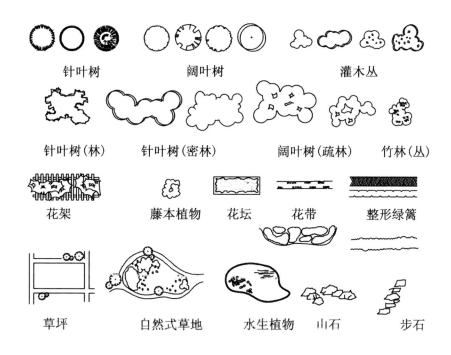

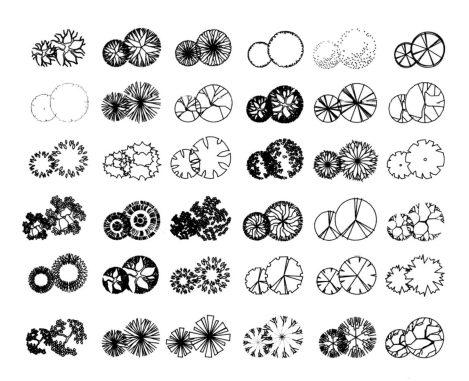

图3-14a 绿化平面符号

图3-14b

(6)工程字体(图3-15)。

可供表现图选用的字体、字型很多,一般常用的是美术字或制图工程字。字体与字形的选用一定要与版式设计相配合。字体的风格应与画面风格相适应。字型大小的选配是需斟酌的一环,过大则喧宾夺主,过小会起不到点缀作用,看起来也不够醒目。

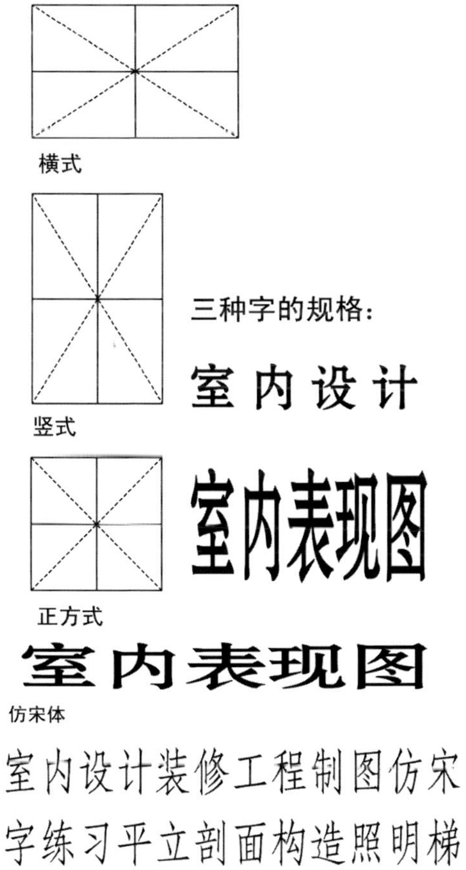

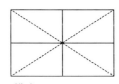

图3-15a 字的排列方式及规格

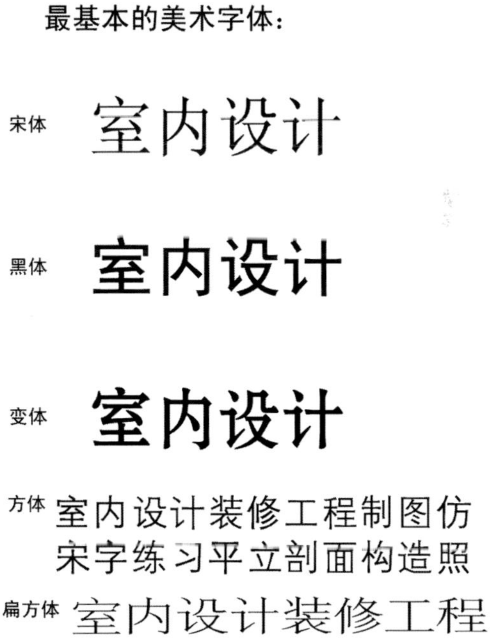

图3-15b 最基本的美术字体

(7)画面构图（图3-16）。

2．建筑的平、立、剖面图的概念

建筑的内部是由长、宽、高三个方向的立体空间所构成的。要科学地再现空间界面的关系，就必须利用正投影制图，绘制出空间界面的平、立、剖面图（图3-17）。

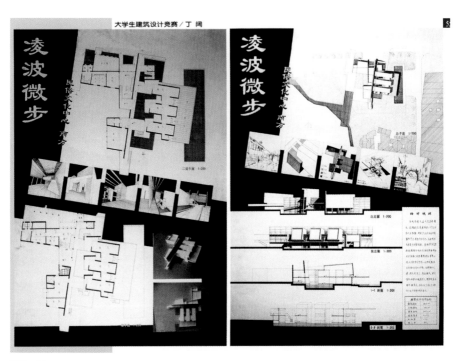

图3-16

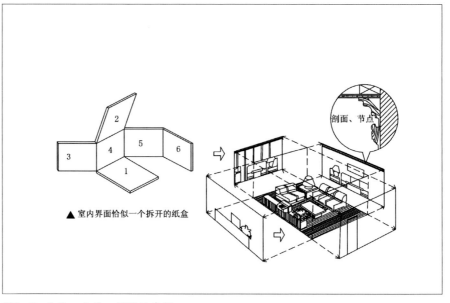

图3-17 平面、立面、割面示意图

(1)平面图是房屋建筑的水平剖视图（图3-18a），即假想用一水平面把一座房屋的窗台以上部分切掉，切面以下部分的水平投影图就称为平面图。平面图反映房屋的面积、空间分隔、内部陈设等。一般室内环境艺术设计要绘制铺地平面布置图及吊顶平面（图3-18b）。

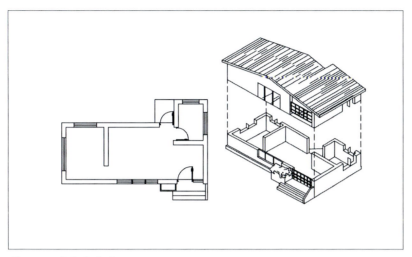

图3-18a 建筑平面图

图3-18b 一层平面

(2)立面图是房屋建筑的正、侧立投影图，通常按建筑各个立面的朝向，将几个投影图分别叫做东、西、南、北立面图（图3-19a）。立面图主要表明建筑物内、外部形状，房屋的长、宽、高尺寸，吊顶、屋顶的形式，门窗洞口的位置，沿墙家具、陈设等（图3-19b）。

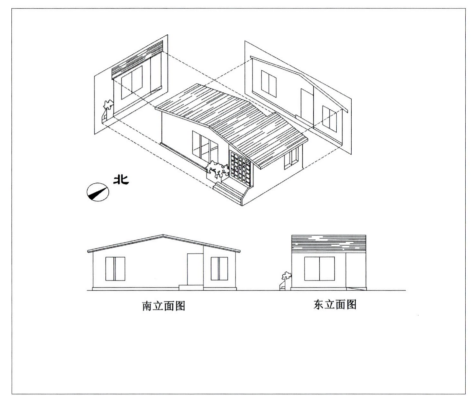

图3-19a

图3-19b

(3)剖面图是假想用一平面把建筑物沿垂直方向切开,因剖切位置的不同,切面后的正投影图又分为横、纵剖面图(图3-20a)。剖面图主要表明建筑物内部在高度方面的情况,剖面位置一般选择建筑内部有代表性和空间变化比较复杂的部位(图3-20b)。

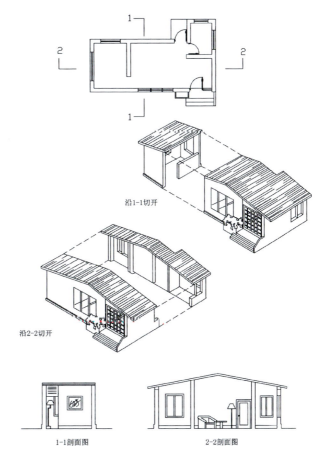

图3-20a

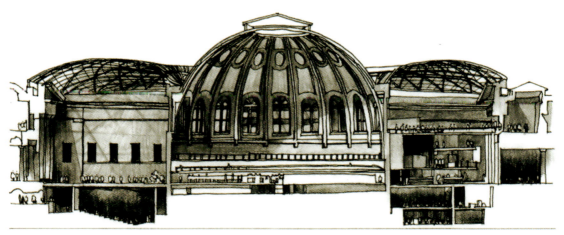

图3-20b

从以上介绍可以看出，平、立、剖面图相互之间既有区别，又有联系。平面图可以说明建筑物各部分在水平方向的尺寸和位置，却无法表明它们的高度；立面图能说明建筑物外形的长、宽、高尺寸，却无法表明它的内部关系，而剖面图则能说明建筑物内部高度方向的布置情况。因此只有平、立、剖三种图互相配合才能完整地说明建筑物从内到外、从水平到垂直的全貌。

下图是用上述绘制方法手绘的一套住宅室内空间平、立面设计方案图（图3-21a、图3-21b）。

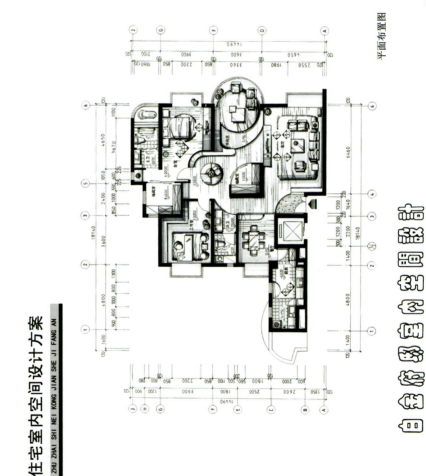

图3-21a

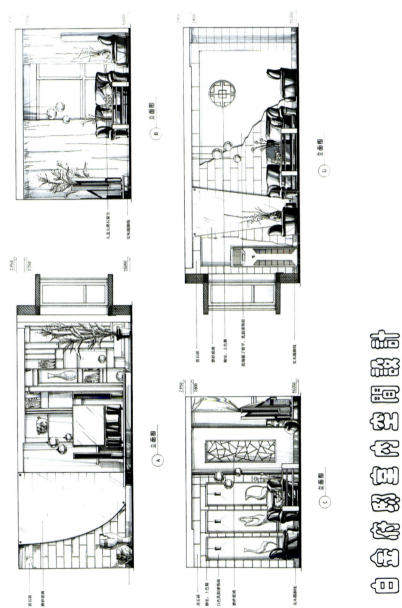

图3-21b

3. 建筑的平、立、剖面图的画法

(1)平面图画法步骤（图3-22）。

①选择比例布置图面（平面图一般采用1∶100或1∶50）。

②画轴线，轴线是建筑物墙体的中心控制线。

③画墙柱轮廓线，承重墙厚为240毫米，即在轴线两边分别量取120毫米画出墙身轮廓线。

④画出门、窗、陈设家具等建筑装饰细部。

⑤画尺寸线及标注尺寸文字。

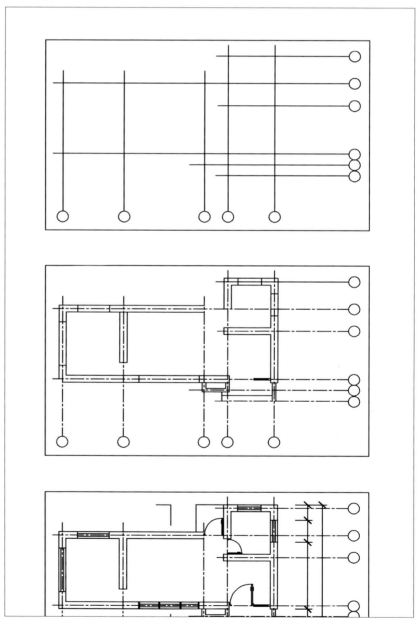

图3-22 画平面图的步骤

(2)立面图画法步骤（图3-23）。

①从平面图中引出立面的长度，量出立面的高度以及各部位的相应位置。

②画地平线和房屋的外轮廓线。

③画门、窗、台阶等建筑细部。

④画墙面材料和装修细部及家具、陈设投影。

⑤标示图名、文字说明及材料、构造做法。

(3)剖面图画法步骤（图3-24）。

①选择剖切位置及比例（常用1∶100或1∶50）。

②画墙身轴线和轮廓线、室内外地平线、屋面线。

③画门、窗洞口和屋面板、地面等被剖切的轮廓线。

④画室内陈设、建筑细部。

⑤画断面材料符号，如钢筋混凝土柱填充相应制图符。

⑥画标高符号及尺寸线。

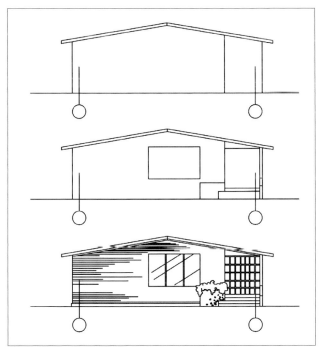

图3-23 画立面图步骤

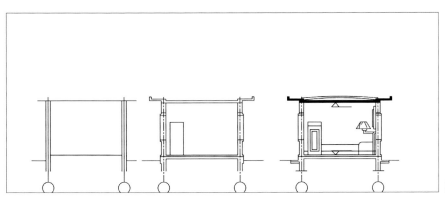

图3-24 画剖面图步骤

第二节　环境艺术设计手绘表现图技法

◎ 一、透视基础

绘制环境艺术设计表现图，有许多透视的种类与方法。但初学者应以实用为主，掌握的绘制方法以快速、简便为宜。

1. 透视术语

为了正确表现透视效果，必须了解透视学中的一些基本概念及名称，从图3-25中可以了解各部位的名称以及它们的作用：

立点SP——观察者站立的位置。

视点EP——作画者眼睛的位置。

视高EL——立点到视点的高度。

视平线HL——视平面与画面相垂直的交线。

灭点VP——与视平线平行的线在无穷远交会的点，也称消失点。

画面PP——人与物体间的假设面（垂直投影图）。

基线GL——画面垂直于地面交线，又称地平线。

基面GP——物体放置的水平地面。

测点M——也称量点，求透视图中物体尺度的测量点。

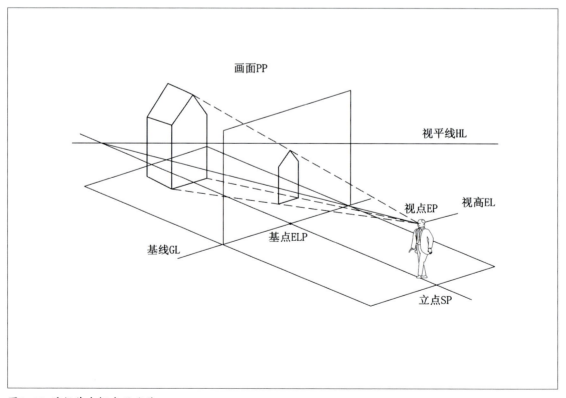

图3-25　透视基本概念及名称

2．平行透视

物体的主要看面与画面呈平行状态，故名为平行透视（图3-26）。这种透视只有一个消失点，也称一点透视。此透视纵深感强，视感较稳定、庄重，接近人眼的观察视角，但处理不当易显呆板。

一点透视较快捷的方法是量点法，其作图步骤如下（以室内书房为例，见图3-27、

图3-26

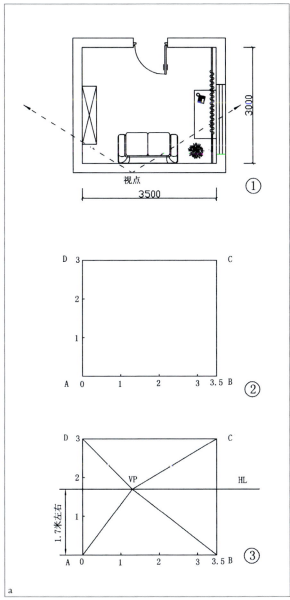

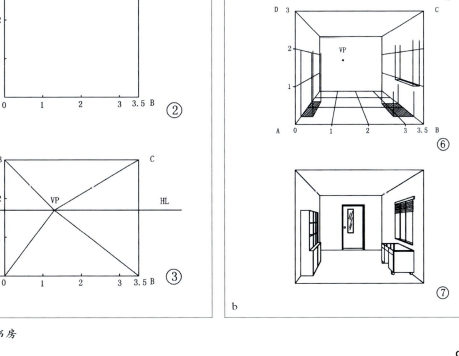

图3-27 室内书房

图3-28）:

(1)选择透视要表现的视线方向：根据已定案的书房平面布置图（宽度设定为3.5米，高度设定为3米）确定。

(2)确定透视的外框线ABCD：AB代表房屋视线方向的宽度；CB或DA代表房屋的高度，总之宽和高的单位等分比例应一致，宽和高必须符合房屋的实际比例关系。

(3)选择合适的透视角度：以同样的空间，从不同的角度观看，会产生不同的视觉效果（图3-28）。从图示中可以悟出：在一点透视中，要反映室内视野的最佳透视角度，关键是要选择好消失点VP和视平线HL高度的位置。

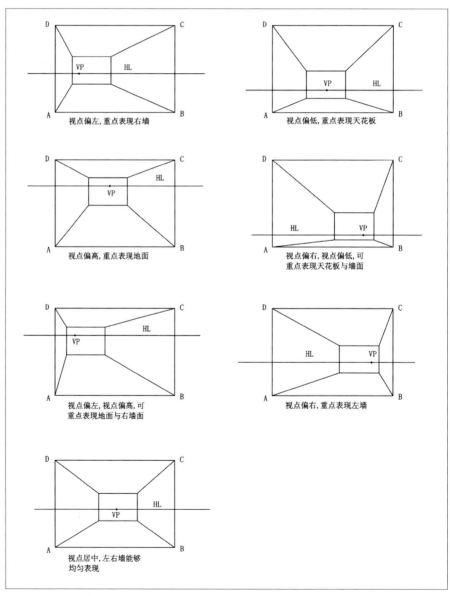

图3-28 同样的空间，从不同角度观看，会产生不同视觉效果

（4）利用量点M（在透视外框线ABCD外，视平线HL上任意确定），求透视进深线：若房屋为3米进深，则从M点分别向AB及其延长线上的1、2、3等分点的位置画线，与A点向VP消失点的透视墙角线相交的各点1′、2′、3′，即为房屋3米进深的透视点。

（5）利用平行线画出墙壁与地面的进深分割线，然后从各点向VP消失点引线。

（6）在地面网格（每格代表实际1米的长度）上找出家具的平面位置，在墙面网格上找出物体高度的相对位置，详细画出家具等物体的透视关系。

3．成角透视

又称两点透视。因为有两个消失点，物体透视效果生动活泼，反映的空间维度范围广。难点是角度若选择不佳，会产生透视变形，导致物体形态失真（图3-29）。

图3-29a

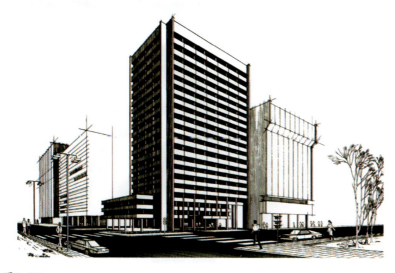

图3-29b

两点透视量点法作图步骤如下（以室内卧室为例，图3-30）：

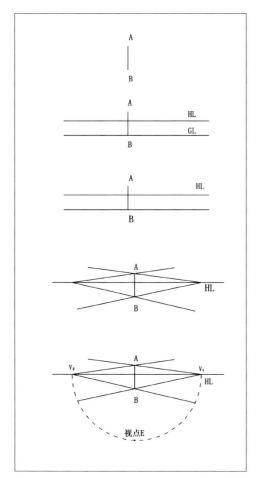

图3-30a

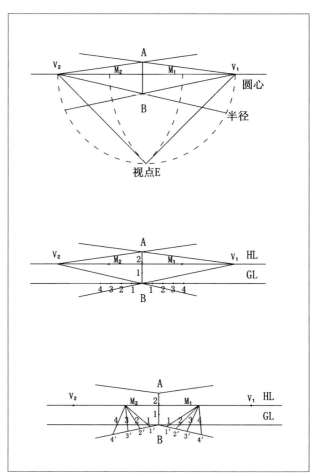

图3-30b

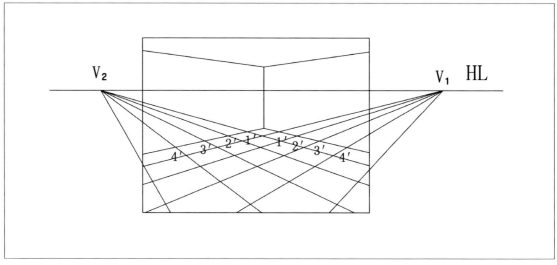

图3-30c

图3-30d

(1)按照一定比例确定墙角线AB的长度（三等分，表示3米高）。

(2)AB间选定视高（1.7米左右）作视平线HL，过B作与视平线HL水平的辅助线GL。

(3)在HL上确定灭点V_1、V_2，画出墙边线。

(4)以V_1、V_2为直径画半圆，在半圆上确定视点E。

(5)以V_1E、V_2E为半径，分别以V_1、V_2为圆心画弧交于HL上，求出M_1、M_2量点的位置。

(6)在GL上，根据AB的单位尺寸画出等分点。

(7)M_1、M_2分别与GL上等分点连接，求出地面透视等分点。

(8)各等分点分别与V_1、V_2连接，求出墙地面的透视网格图。

(9)在地面墙身网格上，找出室内家具的位置，并画出细节，最后调整画面外框图线，构图完善。

4．轴测图

轴测图是由平行投影产生的具有立体感的视图（图3-31）。这种轴测图形虽不符合人眼的视觉规律、缺少视觉纵深感，但它具有把平面形状、设计立面和群体效果集中展现、反映景物实际比例关系的特点，轴测图作图简便，是一种有力地表现俯瞰空间效果的手法。

(1)轴测图的种类。

轴测图有分别代表物体长、宽、高的三轴，并可按一定的比例度量各条边的长度。一般将绘好的建筑平面图在水平线上旋转一定的角

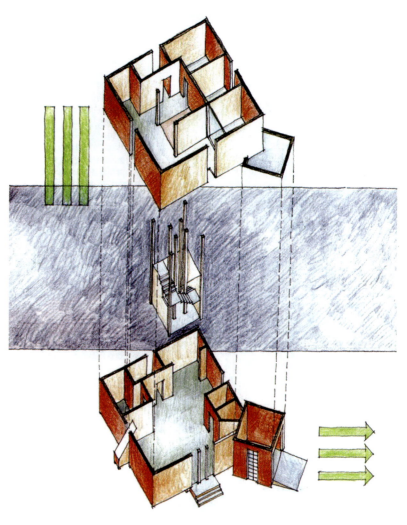

图3-31a

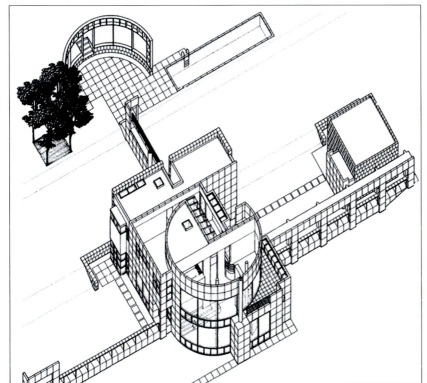

图3-31b

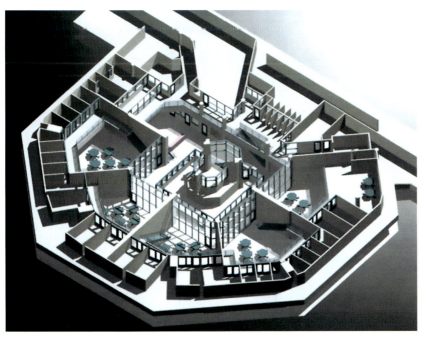

图3-31c

度，把物体对象上的各点按同一比例尺寸，垂直向上作出高度并将各点连线，即形成轴测图。

根据投影线与承影面的垂直与否，轴测图可划分为正轴测图和斜轴测图两大类。每类又可根据物体与承影面、投影线之间的关系分出不同的类型：在正轴测图中，当物体的几个面均不与承影面平行时，采用正投影的方式所得到的轴测图有正等测投影图（图3-32a）、正二测投影图（图3-32b）、正三测投影图（图3-32c）三类，其中，在正二轴测图和正三轴测图中，物体的所有主面与显像面夹角不完全一样。在斜轴测图中，因为投影线不与承

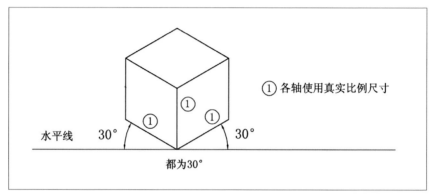

图3-32a　正等测投影图

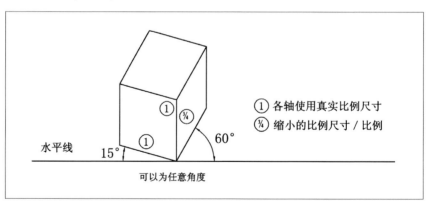

图3-32b　正二测投影图

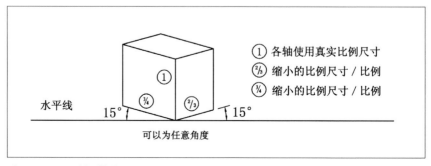

图3-32c　正测投影图

影面垂直，所以通常选用物体的一个面与承影面平行。当物体的水平面与承影面平行时，其水平面反映实形；当物体的立面与承影面平行时，其立面反映实形，它们所形成的斜轴测图有水平斜轴测图（图3-33a）、立面斜轴测图两种类型（图3-33b）。图3-33c为完成的景观水平斜轴测图。

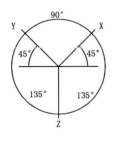

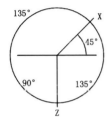

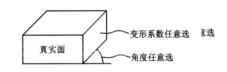

图3-33a 水平斜轴测图　　　　　　　　　图3-33b 立方斜轴测图

图3-33c 景观水平斜轴测图

(2)轴测图的作图步骤（图3-34）。

①轴测图的选择。轴测类型不同，其作图特点和方法也各异，因此作轴测图前应根据设计内容选择相适应的轴测类型，以便精确表现物体的实际状况，避免过于失真、变形。对规则和平直的形态可用正轴测图表现；对不规则的曲线和复杂的形体可用平面反映实形的水平斜轴测图表现。

②根据选定的轴测形式、变形系数和角度，作轴向线。

③沿各轴按相应的变形系数量取尺寸。

④作平行于轴的直线，将相应的点连接起来，完成轴测平面。

⑤沿高度轴向量得各点高度，并将相应的点连接起来。这里若直线为轴测轴的轴向线，则可直接在相应的轴上量取长度；若直线不与轴测轴平行，则不能直接在轴上量取长度，而应先用轴测轴定出直线端点的位置，然后再连线。

⑥根据前后关系，擦去被挡的图线和底线，加深图线，完成轴测图。

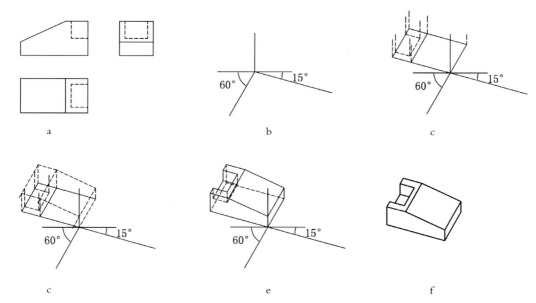

图3-34

◎ 二、手绘表现图技法

手绘表现图以其丰富的艺术表现力，借助绘画手段形象地表达了设计者预想的环境空间效果。因此，掌握手绘表现图的种种技法，是初学者必修的基本功。相对来说，透视制图技术基础的训练比较容易掌握，而绘画技巧的功底则不能一蹴而就，因此，多练、多看、多学，才能逐渐提高水平，为日后画好复杂的手绘表现图打下牢固的基础。

1．基础的培养和训练

手绘表现图的特点是以线为主，以色辅之。墨线底稿和用线的技法就显得十分重要。

(1)线的组织。

线主要是用来描绘空间物体的轮廓，同时也可以通过各种排列方式和组合表达物体造型和质感肌理（图3-35）。

图3-35a

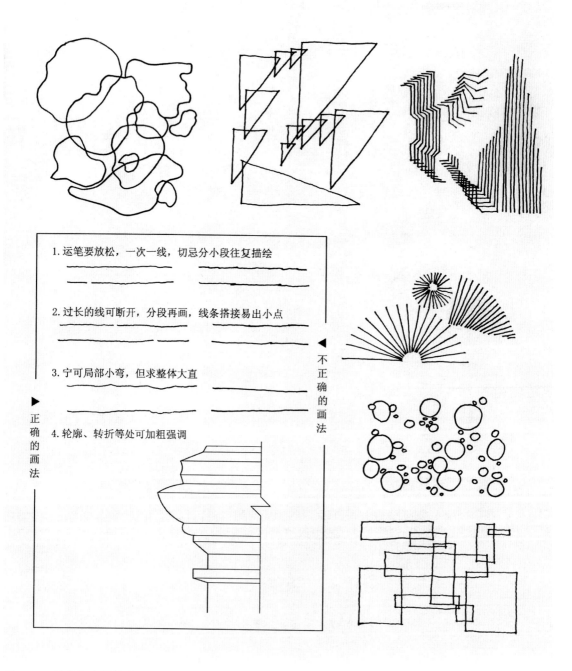

图3-35b 针管笔线描练习

(2)线与空间。

用线来表现空间比用明暗素描来表现难度更大,线的提炼加工要讲究。用线来表现近大远小的空间感,主要靠线的透视准确性;用线表现空间结构的进深关系,多以线的疏密来完成(图3-36)。

图3-36a

图3-36b

图3-36c

图3-36d

图3-36e

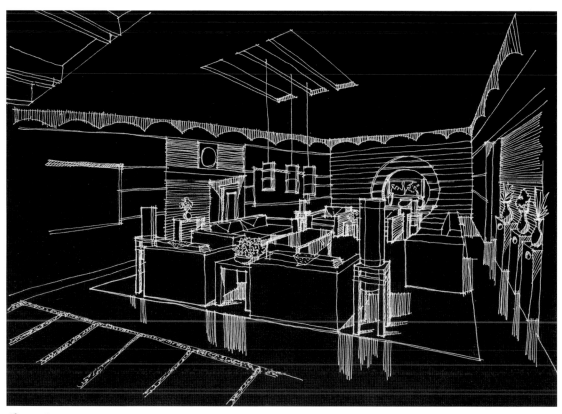

图 3-36f

图 3-36g

(3)线与质感。

用线来表现质感主要是用线来表现材质的肌理结构和材质的特性,如表现玻璃材质,线就要显出透明反光的感觉;表现木材可画其纹理;表现布艺可用飘逸、柔软的线等(图3-37)。

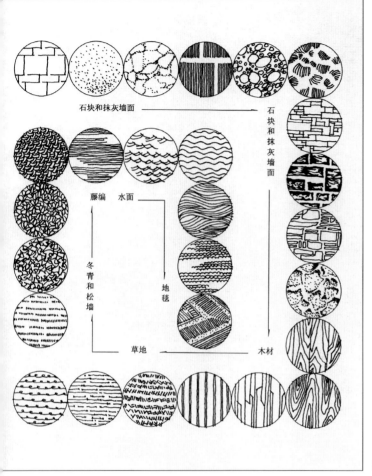

图3-37a 钢笔线条的质感表现练习

图3-37b

图3-37d　　　　图3-37c

2．表现技法的种类

(1)水粉画技法。

水粉色不透明,覆盖力强,能表现较写实的空间材质和光感,但需较高的绘画技巧,作画时间长(图3-38)。

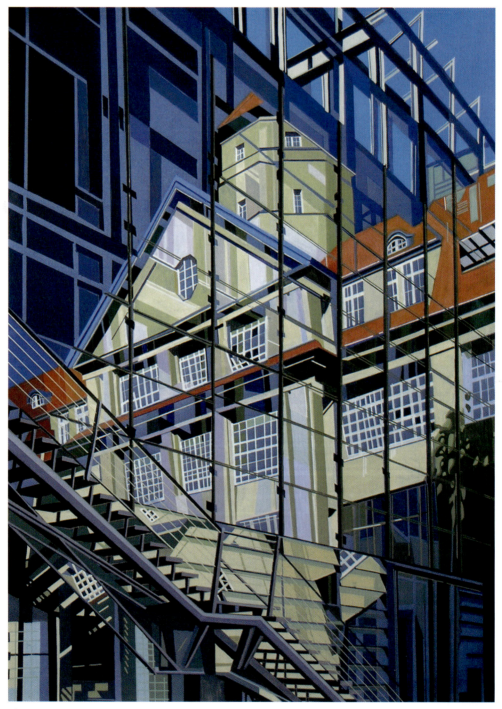

图3-38a

图3-38b

图3-38c

(2) 透明水色技法

透明水色比水彩色更清丽透明，色调更鲜艳明快，因此取代了传统的水彩渲染技法。作画过程先浅后深、先明后暗，作图较快（图3-39）。

图3-39a

图3-39b

图3-39c

图3-39d

图3-39e 古镇透视 魏志农/供稿

图3-39f 马尼拉 魏志农/供稿

图3-39g 魏志农/供稿

(3)马克笔技法。

马克笔分油性和水性两种,其特制的笔头具有着色简便、快干、绘制速度快的特点。画风大气、笔触豪放、色彩鲜艳、透明。但马克笔上色后不易修改,十分讲求绘制技巧(图3-40)。

图3-40a

图3-40b

图3-40c

图3-40d

图3-40e

图3-40f

图3-40g

(4)钢笔淡彩画技法。

钢笔线条流畅、清晰,画风严谨细腻,不同种类的钢笔产生不同的风格,如美工钢笔、绘图笔、针管笔、签字笔等均属于钢笔类(图3-41)。

图3-41a

图3-41b

图3-41c

图3-41d 海口温泉主楼透视草图

图3-41e 程昌生/供稿

(5) 喷绘法。

喷绘法借助喷笔表现细腻、逼真的感觉。喷笔喷色细腻、均匀、易作渐变，画面光影感较真实。通常和水粉技法并用，绘图过程复杂，成图时间较长（图3-42）。

图3-42a

图3-42b

图3-42c

(6) 彩色铅笔法。

铅笔画技法是一切绘画的基础,此技法作图快,易掌握。彩色铅笔作画易于表现排线、平涂、勾画轮廓、渐变等效果(图3-43)。

图3-43a

图3-43b

第3章 环境艺术设计表现基础

图3-43c

图3-43d

图3-43e 林平枫林晓城
住宅景观
杭州石田建筑景观有限
公司/供稿

图3-43f

（7）综合表现技法。

在绘制表现图过程中，以上技法既可以单独使用，也可以混合多种技法使用，还可以通过电脑合成技术，把实地照片与设计效果拼图，以取得最佳环境模拟效果（图3-44）。

图3-44a

图3-44c 图3-44b

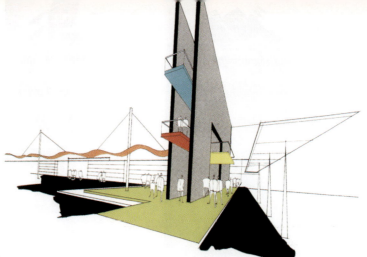

图3-44d

图3-44e

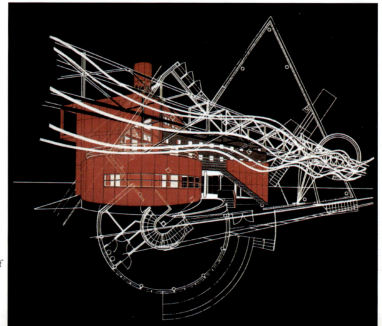

图3-44f

图3-44g

3. 表现图的绘制程序

虽然表现技法种类繁多，但其绘画程序、表现手法等基本要领是相近的，只是其运用的材料、工具不同，从而形成了不同的风格和形式。

绘制透视效果表现图要有秩序，否则容易顾此失彼或画蛇添足。其步骤如下：

(1)绘图前的准备工作。

整理好绘图的环境，各种绘图工具应备齐并置于合适的位置，保证用起来轻松顺手。

(2)熟悉环境平面图。

进行效果表现图的设计构思，充分理解要表达的设计意图，考虑要表现的材质与细部刻画问题。

(3)透视方法与角度选择。

根据表达的内容，选取最佳的透视方法和角度。常用一点平行透视或两点成角透视。

(4) 绘制底稿。

用描图纸拷贝绘制底稿，准确地画出所有物体的轮廓线。

(5)绘图技法选择。

根据使用空间的功能内容，选择最佳的绘画技法，决定快速还是精细的表现技法，掌握绘制完稿时间。

(6)绘制。

按照先整体后局部的顺序作画。整体用色准确，落笔大胆，以放为主，局部小心细致，行笔稳健，以收为主。

(7)作品修正装裱。

对照透视图底稿校正，尤其是水粉画须在完成前校正轮廓线，依据透视效果图的绘画风格与色彩，选定装裱的手法。

4. 马克笔快速表现技法绘图方法

上述介绍的技法有些比较成熟和传统，作图时间较长、准备工作繁琐，因此近年来已不常用。目前被设计师青睐的绘图方法多以马克笔表现技法为主，因其作图准备工作简单，作图过程快、画面效果漂亮，所以在徒手创意表现中占有一定优势。

马克笔是一种以合成纤维为笔芯的彩色绘图笔，笔头有斜方和圆形两种，粗细线均能自如画出。其色彩组成十分丰富，从深到浅、从原色到复色，一应俱全，免去调色过程，使绘图时间大大缩短。

马克笔的快速表现技法绘图步骤如下（图3-45，王越绘制）：

(1)绘图前的准备工作。

各种绘图工具准备齐全，如针管笔、签字笔、彩色铅笔、界尺等；依要表达的内容选择与其相适应的马克笔色系，按色系序列放至合适的位置，这有助于理顺创作思路，增强绘图信心。

(2)依据平面布置图及要表现的重点，选择好透视角度。

对要表现的空间结构关系进行充分了解，选择适合的透视方法和角度。

(3)绘制底稿。

可用描图纸或透明性好的拷贝纸绘制草图，然后将其转移到正式的图纸

图3-45a

上，一般选用不太吸水，较为光洁些的纸；亦可直接用铅笔轻绘于正式图纸上完成正式搞。

（4）着色。

按照先整体后局部的顺序进行着色，宜先浅后深，要做到整体用色协调统一，避免画面花哨。选色要准确，落笔要一气呵成。排线要顺应物体纹理，符合

图3-45b

图3-45c

图3-45d

图3-45e

光影照射方向。局部小心细致，行笔稳健，避免相互重叠、纵横交错而显得杂乱无章。在淡彩着色中，局部也可用厚画法（入水粉色）提亮，达到所要的灯光、高光等效果。

作品鉴赏

作为未来的设计师，画建筑速写能加大你对空间的一种模拟感知，将速写教学作为绘画和设计转换的切入点（图3-46）

图3-46a

图3-46b

图3-46c

图3-46d

图3-46e　　　　　　　　图3-46f

图3-46g

图3-46h

图3-46i

图3-46j

作品鉴赏

一幅好的表现图,不仅要整体视觉美观,更重要的是要表现出建筑实施后的效果,引起人们对该建筑的关注。巧妙的构思和新颖的创意是建筑表现图的亮点,而表现图没有它们,就会黯然失色(图3-47)

图3-47a 图3-47b

图3-47c 图3-47d

第3章 环境艺术设计表现基础

图3-47e

图3-47f

图3-47g

图3-47h

图3-47i

图3-47j

图3-47k

图3-47l

第三节　环境艺术设计模型制作技巧

环境艺术设计构思常常难以用图纸来表达复杂的形体和空间，而模型则可以从不同角度看到实物的形态及其周围环境，充分体现出平面效果图中无法表现的三维空间效果。整个模型制作是设计方案酝酿、推敲和完善的实践过程，因此，设计师借助模型可检验自己的创作构思，从而获得满意的实态空间效果。具备制作模型的知识和技巧是设计师应掌握的基本功。

◎ 一、设计模型的种类

1．按照使用目的分类

一是设计研究用的概念模型（图3-48），这是设计的立体"草图"，注重整体性研究，故多用快速成型的材料；二是展示用的、多为设计完成后制作的终极模型（图3-49）。前者较粗糙、简易；后者表现较逼真、精致。

2．按照制作材料分类

卡纸、木板类模型；橡皮泥、石膏或泡沫塑料制品类模型；有机玻璃、金属等综合材料类模型。

◎ 二、设计模型制作步骤

1．准备制作工具及材料

绘图工具：绘图笔、钢尺、比例尺等；

图3-48a

图3-48b

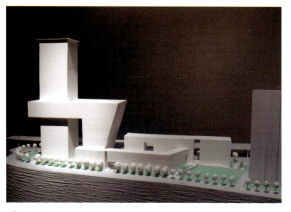

图3-48c

切割工具：美工刀、线锯及锉、剪刀等；

联结剂：502胶、双面胶等粘合剂；

辅助工具：砂纸、手工及电动五金工具等。

2. 制作材料

金属或有机玻璃板、木板条、彩色硬纸板、塑料泡沫及KT板、金属或塑料线、固体石膏、橡皮泥、海绵、绒布等材料。

3. 制作模型的底盘，拷贝平面布局图纸

模型的底盘一般以木芯板为基面，在上面粘贴相应的模型底材，接着把模型的平面图拷贝到底面，刻画出指示线，把部件附着其上。

4. 修剪与裁剪、切割材料

切割材料时，根据材料的厚度进行数次划割，要准备锋利的刀刃和钢尺，避免产生粗糙的边缘。

5. 附着部件

大多数的材料能使用胶水或双面胶粘合起来，在结合点可以被隐藏的地方，可以使用别针固定。

6. 整合结构，装配组件

分别建立好部件后，把它们按照计划好的关系固定在适当位置上，恰当地装配组件，对齐边缘以求精确，对连接点进行细节处理并加固。

图3-49a　　　　图3-49b

ART DESIGN
第3章 环境艺术设计表现基础

作品鉴赏

同济大学学生的作品（图3-50）作品注重整体形态的塑造和空间形态的表达，同时注意到材料质感的表现，为下一步专业设计做好了准备

图3-49c

图3-50a

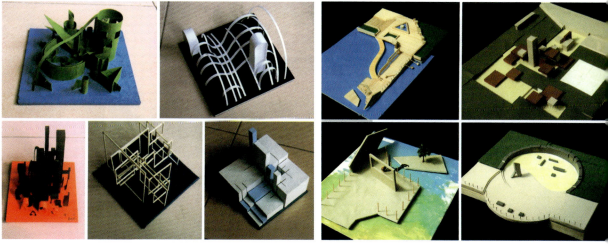

图3-50b　　　　　　　　　　图3-50c

139

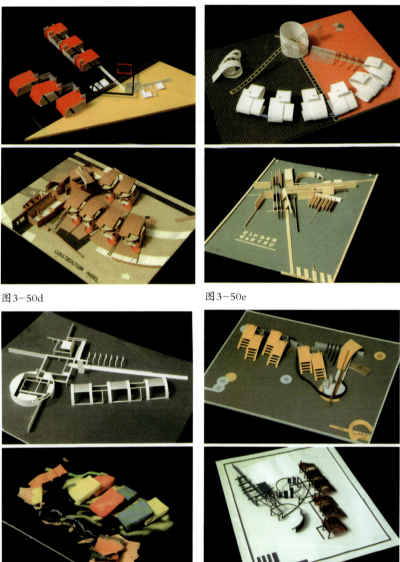

图3-50d　　　　　　　　图3-50e

图3-50f　　　　　　　　图3-50g

作品鉴赏

大学生的展示空间模型作业（图3-51）
这一练习不仅要考虑各种不同质感材料的设计，而且要考虑整体的空间及功能设计，注意局部细节的完善，表达概念模型方案的主题

图3-51a

图3-51b

图3-51c

图3-51d

图3-51e

图3-51f

图3-51g

图3-51h

本章思考与练习

第二节

◎1. 课外活动开展作业题——环境建筑单线速写

（1）作业要求：教师将学生分组到户外写生，并对写生数量提出要求，为环境艺术设计奠定基本的视觉表现基础。

（2）教学点评：写生的同时，引导学生根据专业特点，有意识地收集各种环境建筑资料。在实际空间环境中观察和发现对象，提高全面把握空间维度、刻画细节和丰富想象力三方面的能力，最终达到加强基本功训练、提高艺术鉴赏能力、增强实践作画能力、培养创新思维的作用。

◎2. 课内作业题——马克笔快速表现技法练习

（1）作业要求：家居空间教师将学生分组到户外写生，并对写生数量提出要求，为环境艺术设计奠定基本的视觉表现基础。

（2）教学点评：马克笔快速表现技法是设计的一个重要环节，它既要传达建筑的功能与形态，还要体现建筑材料的色彩、质感、光影和建筑环境的空间感。

第三节

◎1. 课内作业题——形体组合概念模型制作

（1）作业要求：利用纸、木、铁、玻璃、泡沫等材料，进行各种比例的长、宽、高、矩形、方体的拼接和组合。

模型底板尺寸：300mm×300mm

（2）教学点评：结合立体构成进行模型制作练习，一方面能培养学生的空间想象力和创造力；另一方面使学生初步掌握模型制作的过程及加工方法。

◎2. 课内作业题——展示空间限定，概念模型制作

（1）作业要求：根据空间限定的基本原理和方法，在指定的空间尺寸中，利用各种形式的材料，营造可供家居饰品展览的空间形态。

模型底板尺寸：500mm×1000mm

（2）教学点评：对于展览入口标志性、识别性的处理；展览流线组织；展览光环境等概念模型的分析，有助于学生对空间设计特点的体会。本练习的重点在于探讨对概念空间形态构成的多样可能。

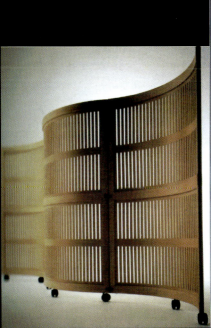

第4章 环境艺术设计方法入门

◎ 课时

8课时（教师主导课时：4课时，学生自控课时：4课时）

◎ 课前准备的具体要求

前修课程"艺术概论"、"设计概论"

◎ 教学目标

设计的终极追求是创新。在环境艺术设计的初学阶段，通过对设计思维及方法的探求，能提高学生的设计素养并激发学生的创新意识，为专业设计创新活动奠定好基础。

从埃及金字塔到万里长城，从巴黎圣母院到北京故宫……普通设计者对这些建筑奇迹的创造者的崇拜之余，都想获得一种方法以开启他们自己的思维，使他们同样具有非凡的创造能力。今天，环境艺术领域中"设计方法"的研究课题，也许会帮助他们实现上述愿望。它试图寻找环境艺术设计创造活动的规律，使人们掌握那神秘莫测的艺术创造能力和技巧，从而大大提高设计的质量和效率。

第一节 环境艺术设计程序

所谓设计程序，即通过合理地划分设计步骤，使复杂繁琐的设计问题变得易于控制和管理，它能在有限时间内提高设计工作的效率和质量（图4-1）。从客户提出设计任务书到设计实施并交付使用的全过程，设计大体上可分为五个阶段，即设计前期、方案设计、施工图设计、设计实施、设计评估。

◎ 一、设计前期

设计前期即设计工作的准备阶段。首要是了解业主的总体设想，明确设计任务和要求，根据设计任务书及有关国家文件签订设计合同，或者根据标书要求参加投标。

在这一阶段，设计者要掌握和分析各种有关的条件和要求，然后经过筛选、综合，确定设计所应解决的问题，即由项目调研、确定目标两个环节所构成。

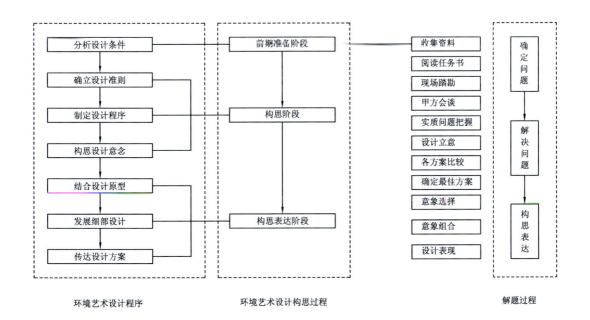

图4-1

◎ 二、方案设计

在设计前期确定好设计目标之后，接着要提出有针对性的解决办法，即把构思立意细化为实实在在的设计方案。方案设计应从大处着眼，从整体着手，然后步步深入到局部、细节问题中（图4-2）。首先要考虑全局性的问题，如建设用地与城市规划、与周围环境的关联性；根据使用者要求进行功能分析，提出平面布局规划，通过有效协调使空间场所富有美学内涵。设计者还应提出对场所结构形式、施工工艺、材料等的构想。

方案设计草图的推敲是在平面功能分析的基础上进行的，这一阶段是由

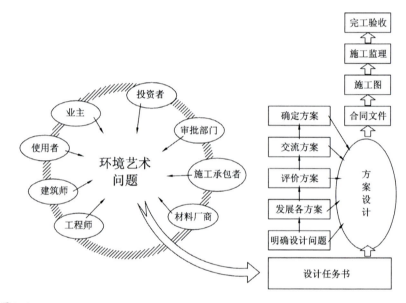

图4-2

粗到精、由多到少的设计优选过程。设计师完成的设计方案文件一般包括：设计说明、总平面图、建筑平面图、立面图、剖面图、色彩效果图、设计模型，乃至工程概算及材料选样等。

◎ 三、施工图设计

施工图设计是对方案设计的深化，是对整个设计项目的施工技术交底，因而它是设计与施工间的桥梁，必须明晰、无误。施工图设计文件要有确切的尺寸、详尽的构造和用料节点图、细部大样图，并且必须与其他各专业工种（水、暖、电、空调等）进行充分协调，综合解决各种施工问题，并编制有关施工说明和造价预算等。为此，设计者必须熟悉各种建筑、装饰材料的性能、施工方法和各种产品的型号、规格、尺寸、安装要求。

◎ 四、设计实施

设计实施也不容忽视，优良的施工方案能保证设计达到理想的效果。这一阶段，设计师要配合施工单位的工程作业，进行施工技术交底和材料选样，根据施工期间发生的问题修改或补充设计。施工完成后，会同质检部门与建设单位进行质量验收等。

◎ 五、设计评估

工程交付后的总结评估越来越受到重视，因为许多设计方面的问题都只有在工程投入使用后才能发现。设计评估的过程不仅有利于业主和工程本身，同时也为设计师积累设计经验或改进工作提供依据。

第二节 发现和确定设计问题的方法

爱因斯坦曾指出："提出问题比解决问题更重要，因为后者仅仅是方法和实验的过程，而指出问题则是找到问题的关键、要点。"[1] 设计问题很多，我们设计工作的第一步是明确问题。这一节主要论述在构思阶段中的发现问题、确定问题的策略和方法。

◎ 一、发现问题

环境艺术设计中发现问题亦即确定了设计的方向，设计无唯一答案，确定问题重点不同，切入点不同，方案也就不同。因此，发现问题和确定问题具有特殊含义。从某种程度上说，设计水平的高低，往往取决于设计者眼力的高低及对"设计问题"理解的程度。

1. 发现问题的基础

（1）项目调研。

在发现问题之前，我们必须对设计项目建立一个总体认知。从各方面获取大量信息，是发现问题的基础。

项目的调研作为环境艺术设计第一阶段的工作，其目的就是通过对设计任务书、环境条件、经济因素和相关规范、资料等重要内容进行系统、全面地研究，为设计确立科学的依据。

设计伊始，主要从以下方面着手工作：

首先，查阅收集相关项目的文献资料，了解有关的设计原则、政策法规、经济技术条件等情况；城市规划对环境设计的要求，如用地范围、建筑物高度和密度的控制；国家有关防火等设计规范要求；建设用地环境设施，如交通、供水、排水、供电、通信等情况；用户拟投入的项目资金及

---

[1] 转引自孟昭兰：《普通心理学》，北京大学出版社2003年版，第36页。

建设标准等。

其次，环境系统情况调研：基地现状如土壤、地质情况的勘察报告；环境特点如地形结构、水体分布、植被覆盖、气象条件、噪音等情况；基地应保留的景观特征，如一块岩石、一潭池水、一幢别致的建筑等；拟采用的人工环境系统及设备情况。

最后，用户的需求调查：了解用户的意愿，如喜欢何种风格，期待达到的艺术效果；可能采用的设计语汇与环境的文脉关联性；实地调研，观察人们活动方式产生的"行为痕迹"，体验用户感受、诉求，确立各场所的功能关系等。如某办公室设计前的用户需求调查（表4-1、图4-3）。

(2)项目分析。

环境艺术设计中，存在一定的限制因素或约束条件，可能是功能的、环境的，也可能是技术方面的。将设计制约条件罗列出来进行分析，从而找到设计问题的核心和焦点，是发现问题的有效方法。

表4-1

房间：	活动：
面积尺寸：	
由谁使用	
主要功能	
设备情况	
采光情况	
装修情况	
特殊需求	
	适合的活动：
	改造的可能：

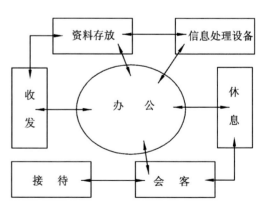

图4-3

①功能分析。

项目设计都是从环境功能关系的分析开始的。功能关系考量因素包括：功能布局组成情况，如房间划分面积要求、环境建筑使用人数及人流出入情况；环境设施尺度等细节分析；交通流向及各功能系统的协调性（图4-4、图4-5）。

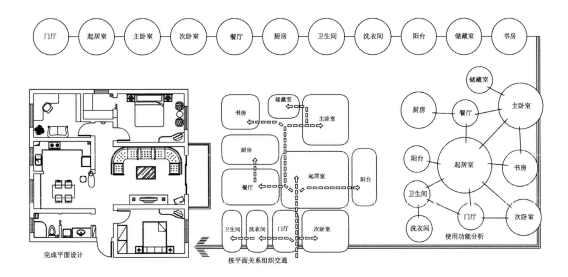

图4-4

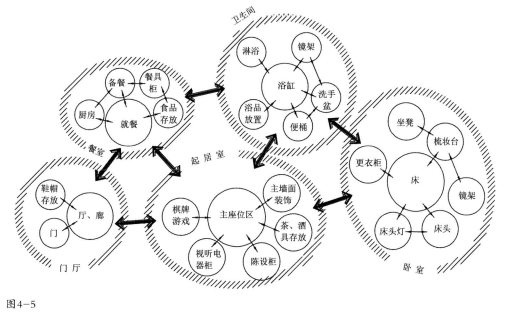

图4-5

②形式分析。

对可能采用的设计形式进行语汇分析,如装修的艺术风格或样式(图4-6)、色调的意味、构图的形态等。当然,"形式追随功能"的现代设计理念说明,任何美的问题都与使用功能有着直接的关系,因此,在任何时候都不能单纯从表面的美来考虑问题。

③空间分析。

对室内环境设计的空间形式特征和限定要素的分析,如围合还是开敞,封闭还是通透,各空间界面的处理手法等。景观环境设计因受建设基地空间条件的制约,应对基地进行视域、环境知觉、天际线等分析,使基地空间的潜力得到充分利用和发挥。

④技术分析。

主要涉及结构、构造分析,使设备、设施与环境空间相匹配。处理空间形状、大小与建筑的采光、通风、排水、音响、采暖、电照、工艺、材

a

b

c

d

图4-6

料等的矛盾；处理好环境艺术设计与投资、工业化体系、美学等各方面的矛盾，即综合地处理好各种工程技术问题。

⑤预算及材料分析。

即用户拟投入的资金情况，使用材料标准、质地、色彩等的可行性分析。

2．发现问题的方法

(1) 5W1H法。

5W1H法是一种通过对做什么（What）、何人（Who）、何时（When）、何地（Where）、为何（Why）和如何（How）六方面的提问来发现问题的方法。

在设计中，如果原有问题需重新审视，可用5W1H法来发现问题究竟出在哪里。具体使用5W1H法时，先对原来的思考角度和原始方案进行六个方面的提问，如果有不满意的答案，就试图改变它。如对某校活动广场进行重新设计，用5W1H法分析原广场存在的问题，并提出解决方法：

①Where——某校活动广场的规划位置及定位情况如何？

②What——原广场的主要功能是什么？存在什么问题？

Why——为什么？

How——怎么解决？

③Who——何人在此活动？存在什么问题？

Why——为什么？

How——怎么解决？

④When——何时在此活动？存在什么问题？

Why——为什么？

How——怎么解决？

(2) 逐渐发现问题法。

解决问题的基本特点是，问题常常不能自然地显现出来，必须去有意识地发现问题。而且发现问题必须经历一个过程，简言之，设计是一个不断发现问题、不断解决问题的过程。

发现问题有两种含义：一种是过程的循环往复，决定了发现问题的循环性；另一种是随着旧矛盾不断被解决，新矛盾、新问题又随之产生（图4-7）。

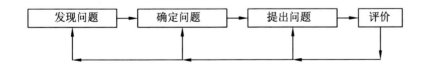

图4-7a 设计过程的循环

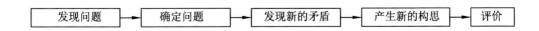

图4-7b 解决问题的另一种模式

◎ 二、确定问题的策略

在取得大量资料后，接下来要对这些资料加以分析，提炼出"设计概念"——理清设计需要解决的问题。一个具体的设计涉及非常多的因素，因而包含众多目标。它们有着不同的性质和错综复杂的结构（图4-8），因此设计的关键环节就是根据目标的大小、层次确定总目标和局部目标，以明确各目标的重要程度，协调次级目标间的关系。如某高层住宅设计问题层级分析图（图4-9）。

确定设计目标的方法：

1. 演绎法

首先确定设计的整体目标，然后将其细分，形成一些次级目标系统。此过

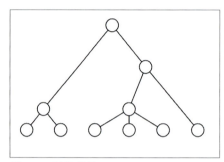
图4-8a 树状结构

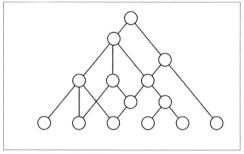
图4-8b 半网络结构

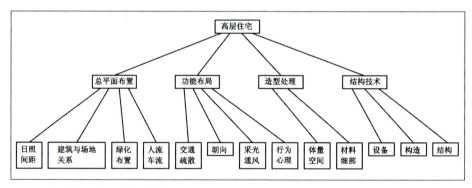
图4-9 高层住宅设计问题层级性

程的关键是对各种设计约束条件进行详尽的罗列，并辨别其间的关系。这种方法可以帮助设计者理清繁复的设计目标，使设计任务变得更加明确。今天越来越多的设计问题已经到了一种难解的复杂程度，我们应寻找一种简洁的方法，将复杂的问题记录下来，再拆散为较小的问题。著名建筑师亚历山大在分析印第安村的结构时就应用了这种方法。如图4-10表示村落由144项要求及它们之间的联系所限定，这些要求可分成4个主要的子系统A、B、C、D，继而分成12个更小的子系统A1、A2、A3……这12个子系统每个又包含12项局部要求，形成设计任务的"树形"结构。

2．归纳回归法

归纳回归法实际上包含归纳和回归两个步骤。前一步骤与演绎法的推导过程相反，它由一些杂乱的、基本的局部目标出发，逐级向上推导，直至归纳出设计的总目标。后一步骤则与演绎法相同，它将归纳所得的总目标再逐级分解为系统的局部目标（图4-11）。

当设计者对某一设计任务难以从总体上把握时，归纳回归法可以帮助设计者认清设计目标，辨别约束条件，有秩序地分解、排列、组织设计问题。例如，一个大型购物中心设计涉及大量问题，难以确定什么是总目标、什么是局部目标，这时按照归纳回归法，先把各种各样的要求集中起来，然后将它们分类、汇总为城市规划、建筑单体两大类，再用演绎法推导回去，这样设计目标就更明晰、全面了。

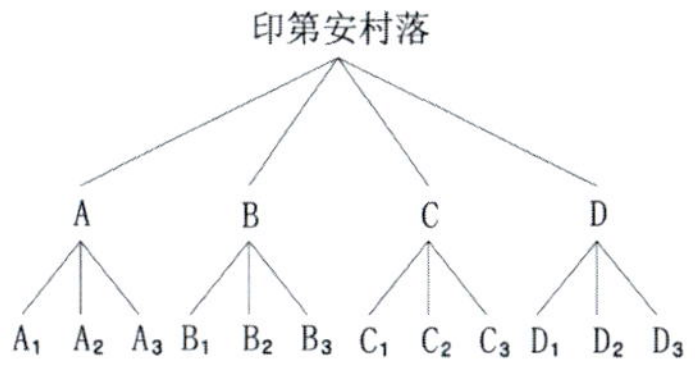

图4-10

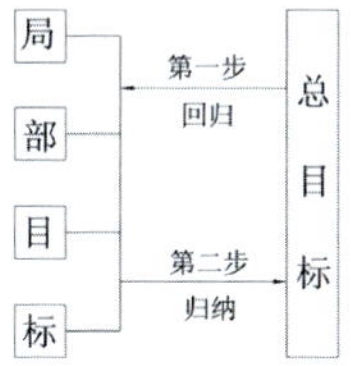

图4-11

第三节 创造性解决问题的策略

◎ 一、解决问题的步骤

寻求设计答案、解决问题，应从整体着手，然后一步步深入到局部、细节问题中，可分为方案设计、施工图设计两个阶段。

◎ 二、解决问题的技巧

寻求设计答案、解决问题的过程是运用逻辑推导和直觉经验的思维，以求得最富创造性的成果。它不可能有固定的工作模式，但一些辅助的方法技巧，对于提高设计的准确性和效率很有必要。

1．图示思维法

图示思维法借助徒手草图启发思路，以捕捉设计灵感。通过"思——画——视"不断地循环，充分调动视觉的作用，把含糊不清的想法变为直观的形象，经观察、推敲而产生新的创意。图示思维法能帮助设计者解决构思和表现问题，如图4-12是建筑大师阿尔多·罗西设计剧院灯塔从草图构思到形式表现的推敲过程。

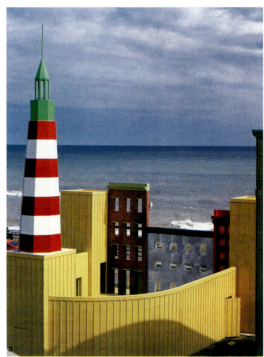
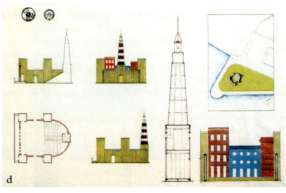

图4-12

2．图解法

对于那些具有若干设计目标且设计目标之间关系复杂的场所，可以利用图解矩阵的形式探索各种要求间的关联性。如图4-13a为某高级酒店空间功能规划矩阵图；图4-13b是屈米为维莱特公园设计的三个系统——点系统（物象系统）、线系统（运动系统）、面系统（空间系统）叠合关系的图解分析图。

3．类比优选法

类比是一种常用的设计思维方法。类比开始表示比例关系方面的相似性，后又扩展到作用关系方面的相似。类比的思维过程分为两个阶段。第一阶段，把两个事物进行比较；第二阶段，在比较的基础上推理，即把其中与某个对象有关的知识或结论推移到另一对象中去。

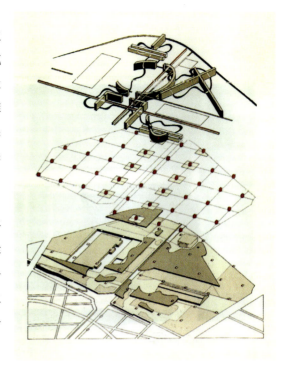

图4-13b

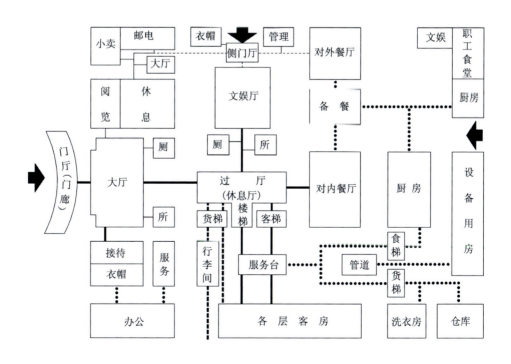

图4-13a

优选是设计的本质反映。对于环境艺术设计而言,认识和解决问题的方式是多样的、相对的和不确定的。经过海阔天空式的畅想,我们不具备穷尽所有方案的可能性,设计的最终目标是将构思概念与空间的平面、立面相结合,优选出"最佳"实施方案。

在完成多方案构思后,应展开对方案的分析比较,从中选择出理想的构思发展方向。如图4-13c为某建筑设计类比分析方案;图4-13d为某休闲椅优选设计方案。分析比较的要点有三方面:

(1) 权衡利弊的反复研究;
(2) 对设计要求的满足程度;
(3) 比较方案的个性、特色。

图3-13d

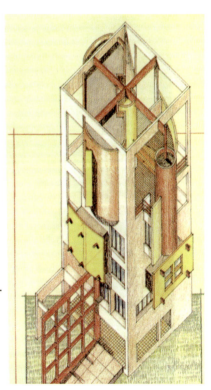

图4-13c

第四节 创造学寻绎——家具设计方法探求

家具设计是一种创造过程，无疑创造性思维对家具设计工作有着极为重要的指导意义。结合家具产品设计来看，创造性思维可由以下四条途径进行探求：

◎ 一、以人—机（家具产品）—环境关系为线索进行构思设计

从它们之间的关系来寻求秩序，例如：家具产品与人的关系，包含有"家具如何服务于人"、"人在哪些方面受产品设计的影响"；家具产品之间的关系，当家具产品之间在功能和空间上相互关联时，要注意寻求其间的秩序和谐调；家具产品与环境的关系，当它们有特定联系时，环境的因素将是产品设计不可忽视的重要因素，随着环境变化，家具产品设计亦应随之变化。

◎ 二、以家具产品本身所涉及范围为研究对象

对产品在使用功能、维护、流通、管理、成本、销售等几大方面作深度和广度的评价、创造，以此线索出发将会得到很多启发和需要解决的具体设计问题，例如使用功能方面，它包含有使用目的、使用者、使用方法、使用场合、使用时效等问题，其中以使用者为例，还可以从年龄、职业、地域、以及人体尺度标准等方面作细化研究。在维护、流通环节中，要研究如何提高家具产品包装效率、扩大运营空间等问题。在产品管理上要处理好个性与共性的关系。在市场竞争上要注意对竞争品的研究及采取的对策。

◎ 三、以造型设计为线索

即从结构及成型技术、材料、表面处理、形态、色彩等方面作进一步思考。例如为了牢固而美观，应如何采用新材料、新结构或改进旧的工艺流程，

图4-14

降低成本。要合理设计各种细部节点和连接效果。在色彩上应考虑与家具产品以外的使用环境的整体关联，与其他产品（包括同类和异类）的关系、与企业系列产品的关系等。如图4-14是意大利后现代风格家具造型设计，强调新品味。

◎ 四、以创新方法为思路

家具产品设计，是以设计者的吸收能力、记忆能力、理解能力为基础，通过联想、对比、引发进而产生创造新产品所需要的灵感、设想和见解，然后通过一定的创造方法，使之在产品形态上体现出来，因此采用适当的创造技法对家具产品造型设计是极为有用的。创新方法的核心是思维的途径，它的形式和作用各有不同，常用的思考方法如下：

1．仿生学方法

大自然中最杰出的"设计师"是生物，为了生存，生物在漫长的演化过程中，本能地创造了科学的形体结构，形成了色彩丰富、造型优美的形态。仿生创造思维是以生物体为观察对象，结合产品的使用特征，合理地创造出产品的仿生造型，其特点是重神似而非形似，如图4-15屏风造型设计就是受蛇爬行蜷曲姿态的启示而产生的，设计师拉德·蒂格森妙趣横生地把它取名为"眼镜蛇"。

图4-15a

图4-15b

2. 功能组合法

将各种有关联的功能有机地组合在一起，形成多功能产品系列，如图4-16是一个非常简洁的沙发，同时可以翻转为一张双层床。

3. 差别交换法

即通过分析、类比，创造出新的形态。这种方法可以将同一产品设计成不同类型或不同系列(图4-17)。

4. 精添法

即完全从零开始，只添加绝对必要的东西，这对造型设计具有十分重要的意义。采用此法可避免产生繁琐多余的结构和装饰，同时也很经济实用。

5. 模仿重构法

这种方法是由模仿引发思路，而后进入创造性构思。以家具产品艺术造型为例，在原有产品的基础上，按造型要素逐项进行思考，如比例扩大、缩减、去繁美化、取代等进行重构。这方面著名的设计实例，可见丹麦著名设计师汉

图4-16a

图4-16b

图4-16c

图4-17

斯·韦格纳在1945年设计生产出的别具一格的"中国椅"（图4-18）。

6. 产品分析法

以原有家具产品为基础观察、分析，实现理想构思的飞跃。例如缺点列举法是举出相同产品的所有缺点，一一探索革新的可能性；希望列举法是从不同的观点指出不拘泥于现成产品的希望，为设计师提供创造灵感；还有以列举产品全部特征，然后进行系统研究，设计出满足人需求的特征列举法等。

7. 计算机辅助分析法

即利用计算机编程技术，将产品分为形状、色彩、材质三项，然后再逐一细分，如形状为方形、矩形、梯形，色彩为色相、明度、纯度，材质为木材、塑料、金属，然后用计算机进行排列组合，即可获得许多形态构思的筛选方案，这种方法高效快捷，防止先入为主的人为失误，还可避免挂一漏万，它是一把打开未知世界的钥匙，在国际设计界引起了高度重视。

从以上问题探讨可以看出，创造学寻绎并非无法可依，利用以上方法加以实践，有利于开拓思路、突破旧框框，进行创新设计。

图4-18

第4章 环境艺术设计方法入门

作品鉴赏

图4-19 仿生学方法构思设计的椅子

图4-19a

图4-19b

161

图4-19c

图4-19d

图4-19e

本章思考与练习

第二节

◎ 1. 课外活动开展作业题——校园内学生活动中心建筑，重新构思设计

（1）作业要求：对老建筑进行调研，提出新的设计角度。

（2）教学点评：设计工作的程序：

①现场勘测，了解基地的环境与周围历史、文脉情况。

②收集资料，掌握相类似建筑的设计思路、设计规范。

③积极思考，提出新的设计角度（环境、空间、学生特点）。

◎ 2. 课内作业题——试用5W1H法构思

（1）作业要求：选择一商厦，试用5W1H法分析商厦各楼层的布置是否合理，提出解决办法。

（2）教学点评：5W1H法分析过程：

①Where与What——首先罗列出各层出售何种商品。

②Who与How——各层购买人群与如何购买。

③When——各层购买时间。

④分析各层出售何种商品，及布置上存在的问题。Why——为何？

⑤How——怎么解决？

第三节

◎ 课内作业题——类比法

（1）作业要求：从四个不同角度提出书店设计的立意，并依次评价。

（2）教学点评：用图示思维法思考：①从使用者身份确定书店设计理念；②从建筑形象上构思；③从使用方式上确定立意；④从空间流线组织上考量。

第四节

◎ 1. 课内作业题——设计一台多功能电脑桌

（1）作业要求：用特征列举法设计电脑桌。要求图文设计说明。

（2）教学点评：特征列举法具体运用步骤：①因素分析——列出创造对象的所有构成要素，如桌子面、桌背、桌腿等；②形态分析——列出构成要素的功能属性，如外形、质感、支承方式以及功能；③技术手段——列出各因素可能的全部形态，如弯曲的、直的、平面的、曲线的、长的、短的、柔软的，等等；④用表格（表）进行方案聚合，再择优。选出好的方案后评价说明。

◎ 2. 课内作业题——设计五个不同形态的椅子

（1）作业要求：用仿生学方法构思设计。要求图文设计说明。

（2）教学点评：仿生学的目的就是分析生物过程和结构以及将对它们的分析用于未来的设计。仿生学的思想是建立在自然进化和共同进化的基础上的。仿生学是研究生物系统的结构和性质，以为工程技术提供新的设计思想及工作原理的科学。

网站链接

1. 设计在线：http://www.dolcn.com
2. ABBS建筑论坛：http://www.abbs.com.cn
3. 中国家具设计网：http://www.worldf.com
4. 视觉中国：http://www.chinavisual.com
5. 视觉同盟：http://www.visionunion.com
6. 中国手绘设计网：http://www.hui100.com
7. 中国设计之窗：http://www.333cn.com
8. 中国建筑与室内设计师网：http://www.china-designer.com
9. 设计艺术人才网：http://www.chdajob.com
10. 景观中国：http://www.landscapecn.com
11. 中国园林：http://www.jchla.com

图片来源

1. 图1-23～图1-29、图2-35a、图2-38,潘谷西主编：《中国建筑史参考图》,中国建筑工业出版社2000年版。
2. 图1-38、图1-62、图1-63、图3-16、图3-50a～图3-50g、图3-51h,同济大学建筑系编：《同济大学学生建筑设计作业选2000-2001》,中国建筑工业出版社2002年版。
3. 图1-54～图1-58、图2-31、图4-12a～图4-12f、图4-13b,"大师系列"丛书编辑部：《大师系列》,中国电力出版社2005年版。
4. 图1-60、图3-42c、图3-43a、图3-44a～图3-44f、图4-13c,〔美〕M.萨利赫·乌丁著：《美国建筑画》,中国建筑工业出版社1998年版。
5. 图1-59、图1-61、图3-45e～图3-45e、图3-46a、图3-46b,王越：教学作业。
6. 图2-13、图2-14、图3-7、图3-12b、图3-37b、图3-37b、图3-37c,王晓俊编著：《风景园林设计》,江苏科学技术出版社2007年版。
7. 图2-20,〔美〕弗郎西斯·D.K.钦著,邹德侬、方千里译：《建筑:形式·空间和秩序》,中国建筑工业出版社1987年版。
8. 图2-34、图3-35a、图4-13d,〔美〕M.萨利赫·乌丁著,张永刚、陆卫东译,《建筑设计数字化》,中国建筑工业出版社2002年版。
9. 图3-1～图3-4、图3-12a,陈文斌、章金良主编：《建筑工程制图》,同济大学出版社2006年版。
10. 图3-6、图3-26、图3-38e、图3-40c,韩中杰编著：《手绘表现图》,福建科学技术出版社2004年版。
11. 图3-18b,李明、许谦编著：《群星记录》,清华大学出版社2003年版。
12. 图3-21a、图3-38a～图3-38c、图3-47a～图3-47d,周炜：教学作业。
13. 图1-36b、图1-36e、图3-36f,吴卫著：《钢笔建筑室内环境技法与表现》,中国建筑工业出版社2004年版。
14. 图3-51a～图3-51g,张朝晖：教学指导作业。
15. 图3-40a、图3-40b、图3-40e、图3-40f、图3-47e～图3-47j,陈红卫著：《陈红卫手绘表现》,福建科学技术出版社2007年版。
16. 图3-39c、图3-39d,孙佳成编著：《室内环境设计与手绘表现技法》,中国建筑工业出版社2006年版。
17. 图4-2、图4-3、图4-5,郑曙旸著：《室内设计》,吉林美术出版社1997年版。
18. 图4-7、图4-9,罗玲玲主编：《建筑设计创造能力开发教程》,中国建筑工业出版社2003年版。
19. 图4-15a～图4-18、图4-19a～图4-19e,朱会平主编：《家具与室内设计》,黑龙江科学技术出版社1999出版。

参考文献

1. 屈德印等编著：《环境艺术设计基础》，中国建筑工业出版社2006年版。
2. 刘芳、苗阳编著：《建筑空间设计》，同济大学出版社2003年版。
3. 罗玲玲主编：《建筑设计创造能力开发教程》，中国建筑工业出版社2003年版。
4. 韩中杰编著：《手绘表现图》，福建科学技术出版社2004年版。
5. 李雄飞、巢元凯主编：《建筑设计信息图集》，天津大学出版社1995年版。
6. 郑曙旸著：《室内设计》，吉林美术出版社1997年版。
7. 吴卫著：《钢笔建筑室内环境技法与表现》，中国建筑工业出版社2004年版。
8. 邓庆尧著：《环境艺术设计》，山东美术出版社1995年版。
9. 同济大学建筑系编：《同济大学学生建筑设计作业选2000~2001》，中国建筑工业出版社2002年版。
10. 张朝晖编著：《环境艺术设计》，湖北美术出社版业2001年版。
11. 孙佳成编著：《室内环境设计与手绘表现技法》，中国建筑工业出版社2006年版。
12. 林家阳、冯俊熙著：《设计素描》，高等教育出版社2006年版。
13. 王晓俊编著：《风景园林设计》，江苏科学技术出版社2007年版。
14. 陈文斌、章金良主编：《建筑工程制图》，同济大学出版社2006年版。
15. 〔美〕弗郎西斯·D.K.钦著，邹德侬、方千里译：《建筑:形式·空间和秩序》，中国建筑工业出版社1987年版。
16. 〔美〕W.奥特·克尔默等编著，高松洁译：《室内施工图及细部详图绘制教程》，机械工业出版社2005年版。
17. 〔美〕克里斯B.米尔斯编著，尹春生译：《建筑模型设计》，机械工业出版社2004年版。
18. 任仲泉著：《展示设计》，江苏美术出版社2004年版。
19. 黄江鸣著：《展示设计》，广西美术出版社2005年版。
20. 李喻军著：《现代展示艺术设计》，湖南科学技术出版社2002年版。
21. 艾定增等主编：《景观园林新论》，中国建筑工业出版社1995年版。
22. 〔美〕M.萨利赫·乌丁著：《美国建筑画》，中国建筑工业出版社1998年版。
23. 李明、许谦编著：《群星记录》，清华大学出版社2003年版。
24. 朱会平主编：《家具与室内设计》，黑龙江出版社1999年版。